AF292736

NEWTON

Sibi gratulentur mortales tale tantumque extitisse humani generis decus.
(Mögen sich die Sterblichen Glück wünschen, daß eine solche, eine so große Zierde des
Menschengeschlechts erstanden ist.)

MATHEMATISCH-PHYSIKALISCHE
BIBLIOTHEK
HERAUSGEGEBEN VON W. LIETZMANN UND A. WITTING
41

EINFÜHRUNG IN DIE INFINITESIMALRECHNUNG

II: DIE INTEGRALRECHNUNG

VON

PROF. DR. ALEXANDER WITTING
OBERSTUDIENRAT AM GYMNASIUM ZUM HEILIGEN KREUZ
IN DRESDEN

ZWEITE AUFLAGE

MIT 1 PORTRÄTTAFEL
85 BEISPIELEN UND AUFGABEN
UND MIT 9 FIGUREN IM TEXT

1921
Springer Fachmedien Wiesbaden GmbH

ISBN 978-3-663-15474-7   ISBN 978-3-663-16046-5 (eBook)
DOI 10.1007/978-3-663-16046-5

VORWORT

Die Integralrechnung, in die dieses Bändchen einführt, schließt sich eng an die in Bd. 9 dieser Sammlung behandelte Differentialrechnung an. Sie ist gegen die erste Auflage, in der infolge Platzmangels sehr gekürzt werden mußte, erheblich erweitert, insbesondere ist der *Logarithmus* hier von der gleichseitigen Hyperbel her behandelt, was ja aus vielen Gründen für den Anfänger von Vorteil ist. Den Anschluß an die früher allgemein übliche Einführung vermittelt eine Betrachtung über das organische Wachstum. Daran schließt sich die Exponentialfunktion mit den wichtigsten Anwendungen. Manche wertvolle Ratschläge von Fachgenossen, für die ich auch hier herzlich danken möchte, sind der neuen Auflage zugute gekommen.

Diesem Bändchen ist das Bild von Newton (4. I. 1643 bis 31. III. 1727) beigegeben und darunter ein Teil der langen und eindrucksvollen Grabinschrift aus der Westminster-Abtei zu London gesetzt.

Dresden, Herbst 1920.

A. Witting.

INHALTSVERZEICHNIS

ERSTES KAPITEL

ZWEITES KAPITEL

DRITTES KAPITEL

VIERTES KAPITEL

ERSTES KAPITEL

§ 1. EINLEITUNG

In Bd. 9 dieser Sammlung gingen wir bei der Einführung in die Differentialrechnung von geometrischen Betrachtungen über die Tangenten krummer Linien aus. Neben dieses *Tangentenproblem*, das auch in der geschichtlichen Entwicklung der Infinitesimalrechnung im 17. Jahrhundert eine hervorragende Rolle gespielt hat, tritt nun für uns jetzt erst als zweite, geschichtlich aber ältere Hauptaufgabe die der *Inhaltsberechnung*. Schon aus der Elementarmathematik, wie sie in den Schulen gelehrt wird, ist es bekannt, daß man z.B. bei der Ausmessung der Kreisfläche und bei der Berechnung des Pyramideninhalts nicht ohne infinitesimale Betrachtungen auskommt. Der Kreisfläche nähert man sich durch die Inhalte der regelmäßigen um- und eingeschriebenen Vielecke von wachsender Seitenzahl, bei der Pyramide verwendet man meist das Cavalierische Prinzip. Auch die Formeln $4\pi r^2$ und $\frac{4}{3}\pi r^3$ für Oberfläche und Inhalt einer Kugel können nur durch ähnliche Grenzübergänge gewonnen werden.

In allen diesen Fällen ist das Wesentliche, daß zunächst eine Summe aus einer bestimmten Anzahl endlicher Größen berechnet und dann, sei es durch Zahlenrechnung wie beim Kreis, sei es durch Buchstabenausdrücke, der Grenzwert untersucht wird, dem die Summe zustrebt, wenn ihre Glieder immer kleiner werden, während zugleich ihre Anzahl immer mehr wächst. Der Leser möge sich das an den oben angeführten Beispielen und vielleicht an noch anderen, deren er sich aus seinem bisherigen Unterricht erinnert, klar machen. Wie sich in der Differentialrechnung die systematische Anwendung des Grenzbegriffs außerordentlich fruchtbar erwies, so wollen wir auch hier auf eine allgemeine Methode hinsteuern, die wir aber erst durch ein Beispiel vorbereiten, das im Vergleich zu den elementarsten Fällen schon reichlich allgemein ist.

Sei nämlich als Aufgabe die Berechnung der Fläche F vorgelegt, die von dem Bogen OA der kubischen Parabel

$y = x^3$, der x-Achse und der Ordinate des Punktes A gebildet wird. A möge die Koordinaten $x = 1$, $y = 1$ haben. Wir teilen die Abszisse etwa in 5 gleiche Teile und zeichnen die in der Fig. 1 dargestellten Rechtecke, von denen immer eine Ecke auf der Kurve liegt. Die Summe der schraffierten Rechtecke ist kleiner als die gesuchte Fläche F; addiert man aber die nicht gestrichelten Rechtecke, so erhält man eine größere Fläche. In Zahlen bekommt man, da jede wagerechte Rechteckseite 0,2 ist:

$$0,2 \, (0,2^3 + 0,4^3 + 0,6^3 + 0,8^3) < F$$
$$< 0,2 \, (0,2^3 + 0,4^3 + 0,6^3 + 0,8^3 + 1,0^3).$$

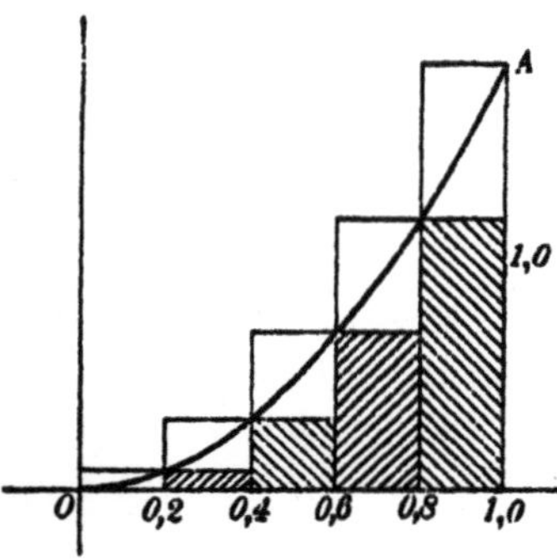

Fig. 1.

Teilt man hingegen in 10 gleiche Teile, so ergibt sich:

$$0,1 \, (0,1^3 + 0,2^3 + 0,3^3 + \cdots + 0,8^3 + 0,9^3) < F < 0,1 \, (0,1^3 + 0,2^3$$
$$+ 0,3^3 + \cdots + 0,8^3 + 0,9^3 + 1,0^3).$$

Diese Summen müßten nun immer ausgerechnet werden, und man könnte sich also, indem man immer kleinere Teile nimmt, immer näher an F heranpirschen — und zwar von beiden Seiten her. Auf solche und ähnliche Berechnungen ist man manchmal angewiesen, wenn man nicht über Formeln verfügt, durch die die auftretenden Reihen addiert werden; wir werden uns in § 20 noch damit befassen. Hier in unserm Beispiel handelt es sich um eine Aufgabe, deren Anfänge sich schon bei Archimedes finden, deren Lösung man aber erst den großen bahnbrechenden Mathematikern der ersten Hälfte des 17. Jahrhunderts verdankt: Fermat, Roberval, Pascal, Wallis. Wir erledigen sie in den folgenden Paragraphen.

§ 2. EIN ARITHMETISCHER HILFSSATZ

Ist μ eine ganze positive Zahl und $a > b > 0$, so ergeben sich aus der Identität

$$\frac{a^{\mu+1} - b^{\mu+1}}{a - b} = a^\mu + a^{\mu-1} b + \cdots + b^\mu$$

die Ungleichungen[1])

$$(\mu + 1)b^{\mu} < \frac{a^{\mu+1} - b^{\mu+1}}{a - b} < (\mu + 1)a^{\mu}.$$

Setzt man hier $b = k,$ $a = k + 1,$

so erhält man aus der ersten Ungleichung

$$(\mu + 1)k^{\mu} < (k + 1)^{\mu+1} - k^{\mu+1};$$

nimmt man hingegen $a = k,$ $b = k - 1,$

so gibt die zweite Ungleichung

$$k^{\mu+1} - (k - 1)^{\mu+1} < (\mu + 1)k^{\mu}.$$

Es ist demnach

$$k^{\mu+1} - (k - 1)^{\mu+1} < (\mu + 1)k^{\mu} < (k + 1)^{\mu+1} - k^{\mu+1}.$$

Schreibt man die Ungleichungen für $k = 1, 2, 3, \ldots n$ untereinander:

$$1^{\mu+1} \qquad\qquad < (\mu + 1)\,1^{\mu} < 2^{\mu+1} - 1^{\mu+1}$$

$$2^{\mu+1} - 1^{\mu+1} \qquad < (\mu + 1)\,2^{\mu} < 3^{\mu+1} - 2^{\mu+1}$$

$$\cdot \quad \cdot \quad \cdot \quad \cdot \quad \cdot \quad \cdot \quad \cdot \quad \cdot \quad \cdot \quad \cdot \quad \cdot \quad \cdot \quad \cdot \quad \cdot \quad \cdot$$

$$n^{\mu+1} - (n - 1)^{\mu+1} < (\mu + 1)n^{\mu} < (n + 1)^{\mu+1} - n^{\mu+1}$$

und addiert, so bekommt man

$$n^{\mu+1} < (\mu + 1)\,(1^{\mu} + 2^{\mu} + \cdots + n^{\mu}) < (n + 1)^{\mu+1} - 1^{\mu+1}.$$

Dividiert man nun durch $(\mu + 1)n^{\mu+1}$, so folgt

$$\frac{1}{\mu + 1} < \frac{1^{\mu} + 2^{\mu} + \cdots + n^{\mu}}{n^{\mu+1}} < \frac{1}{\mu + 1}\left[\left(1 + \frac{1}{n}\right)^{\mu+1} - \frac{1}{n^{\mu+1}}\right].$$

Läßt man n immer größer werden, so wird $1 : n$ immer kleiner, und die rechts stehende obere Grenze nähert sich immer mehr der links stehenden unteren Grenze $1 : (\mu + 1)$, da die

---

1) Ersetzt man rechts alle a durch b, so wird jedes der $(\mu + 1)$ Glieder b^{μ}, und die Summe erhält einen kleineren Wert; die Summe wird dagegen vergrößert, wenn man jedes b durch die größere Zahl a ersetzt.

eckige Klammer nach 1 konvergiert. Daher gewinnt man für positives ganzes μ die Formel[1])

$$\text{(I)} \qquad \lim_{n=\infty} \frac{1^\mu + 2^\mu + \cdots + n^\mu}{n^{\mu+1}} = \frac{1}{\mu+1};$$

z. B. ist der Grenzwert

$$\frac{1}{2} \ \text{für} \ \mu = 1, \qquad \frac{1}{3} \ \text{für} \ \mu = 2 \ \text{usw.}$$

§ 3. ANWENDUNGEN. DAS BESTIMMTE INTEGRAL

Eine einfache Anwendung der zuletzt gewonnenen Formel bietet uns die Berechnung der Fläche, die von einem Bogen OA der Parabel μ^{ter} Ordnung $y = x^\mu$ und den Koordinaten a und a^μ des Endpunktes A begrenzt wird. Teilt man die Strecke a in n gleiche Teile (in Fig. 2 sind es 4) und errichtet in den Teilpunkten die Ordinaten, so kann man zwei Summen von Rechtecken bilden, zwischen denen die gesuchte Fläche F liegt:

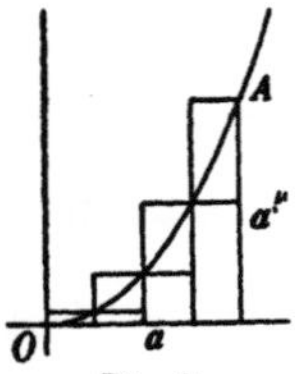

Fig. 2.

$$\frac{a}{n}\left(\frac{a}{n}\right)^\mu + \frac{a}{n}\left(\frac{2a}{n}\right)^\mu + \cdots + \frac{a}{n}\left(\frac{na}{n}\right)^\mu > F > \frac{a}{n}\left(\frac{a}{n}\right)^\mu +$$
$$+ \frac{a}{n}\left(\frac{2a}{n}\right)^\mu + \cdots + \frac{a}{n}\left(\frac{n-1}{n}a\right)^\mu$$

oder

$$a^{\mu+1}\frac{1^\mu + 2^\mu + \cdots + n^\mu}{n^{\mu+1}} > F > a^{\mu+1}\left(\frac{1^\mu + 2^\mu + \cdots + n^\mu}{n^{\mu+1}} - \frac{1}{n}\right).$$

Läßt man n unendlich groß werden, so nähern sich die beiden Grenzen einander immer mehr und die Faktoren von $a^{\mu+1}$ konvergieren nach dem Werte $1 : (\mu + 1)$. Daher ist

$$F = \frac{1}{\mu+1} a^{\mu+1} = \frac{1}{\mu+1} a \cdot a^\mu,$$

d. h. die Fläche ist der $(\mu + 1)^{\text{te}}$ Teil des aus den Koordinaten des Endpunktes gebildeten Rechtecks.

---

     1) Sie hat noch einen weiteren Gültigkeitsbereich als nur für ganzes positives μ; aber wir brauchen sie nur unter dieser Einschränkung.

Damit ist auf einen Schlag die mühselige Rechnung des Beispiels in § 1 erledigt. Dort war $\mu = 3$, $a = 1$, also $F = \frac{1}{4}$.

Zu einer neuen und bequemeren Bezeichnungsweise gelangen wir, wenn wir

$$\frac{a}{n} = \triangle x$$

setzen und die zu den einzelnen Teilpunkten gehörigen Ordinaten $y_1, y_2, \ldots y_n$ nennen. Dann ist

$$F = \lim_{\triangle x = 0} (y_1 \triangle x + y_2 \triangle x + y_3 \triangle x + \cdots + y_n \triangle x) = \lim_{\triangle x = 0} \sum_{x=0}^{x=a} y \triangle x$$

$$= \lim_{\triangle x = 0} \sum_{0}^{a} x^{\mu} \triangle x.$$

Die „Grenzen" 0 und a beim Summenzeichen Σ bedeuten offenbar, daß die Werte von $y = x^{\mu}$ für alle Zwischenwerte der Abszisse von $x = 0$ bis $x = a$ gebildet werden sollen.

Für dieses Symbol $\lim\limits_{\triangle x = 0} \sum\limits_{0}^{n} y \triangle x$ bedient man sich

nach dem Vorgange von Leibniz des kürzeren Symbols

$$\int_{0}^{a} y \, dx.$$

Das dabei angewandte Zeichen $\int$ ist eine früher viel gebrauchte Form des s: hier hat es den Namen **Integral** erhalten. $\int_{0}^{a} y \, dx$ wird gelesen: **das Integral $y \, dx$ von 0 bis a,**

0 und a heißen die Grenzen des Integrals, der Ausdruck selbst ein **bestimmtes Integral** — „bestimmt", weil die Grenzen gegeben sind.

Das Ergebnis stellt sich nun so dar:

$$(\text{II}) \qquad \int_{0}^{a} x^{\mu} \, dx = \frac{a^{\mu+1}}{\mu+1} \qquad (\mu \ \textit{eine positive ganze Zahl}).$$

Für $\mu = 0$ wird $$\int\limits_0^a dx = a;$$

für $\mu = 1$ erhält man den trivialen Fall des Dreiecksinhalts, für $\mu = 2$ kommt die gemeine Parabel.

Ein zweites Beispiel bietet uns die Berechnung des Kegelinhalts V. Sei ein Polygon, ein Kreis oder eine sonst von einer Linie umschlossene Fläche als Grundfläche G eines Kegels (oder einer Pyramide) gegeben. Führen wir im Abstande x von der Spitze einen ebenen Querschnitt G_x parallel zur Grundfläche, so ist, wie in der elementaren Stereometrie gelehrt wird,

$$G_x = \frac{x^2}{h^2} G.$$

Wir teilen nun die Höhe h in n gleiche Teile $\frac{h}{n} = \triangle x$ und schließen den Kegel (die Pyramide) in zwei Treppen ein, deren einzelne Stufen Zylinder (Prismen) von der Höhe $\triangle x$ sind. Die genauere Ausführung sei dem Leser überlassen; das Ergebnis ist

$$V = \int\limits_0^h \frac{x^2}{h^2} G\,dx = \frac{G}{h^2} \int\limits_0^h x^2 dx = \frac{G}{h^2} \frac{h^3}{3} = \frac{1}{3} Gh,$$

eine bekannte Formel der Elementarmathematik, deren Herleitung *nur* mit Hilfe von Infinitesimalbetrachtungen möglich ist. Den konstanten Faktor $\frac{G}{h^2}$ nimmt man vor die Summe, ehe man $\triangle x$ nach Null konvergieren läßt!

Weitere leichte Beispiele bilden die Berechnungen von Schwerpunkten und von Trägheitsmomenten einfacher Figuren. Sei z. B. das Trägheitsmoment J einer Strecke $AB = a$ in bezug auf eine in ihrem Endpunkt A senkrecht zu ihr stehende Achse gesucht. Ist m die Masse der Längeneinheit und $\triangle x = a : n$, so wird das Trägheitsmoment eines Teilchens, das sich von x bis $x + \triangle x$ erstreckt (von A aus gemessen), zwischen $mx^2\triangle x$ und $m(x + \triangle x)^2\triangle x$ liegen.[1] Daraus ergibt sich leicht[2]:

---

[1] Die Masse des Teilchens ist $m \triangle x$, da m als Masse der Längeneinheit definiert war!

[2] Führe die Untersuchung nochmals ausführlich durch unter Verwendung von $\frac{a}{n}$ anstatt $\triangle x$!

$$J = m \int_0^a x^2\, dx = \frac{m\, a^3}{3} = \frac{1}{3}\, M a^2,$$

wenn wir die Masse ma der ganzen Strecke M nennen.

Auch das Volumen einer Halbkugel vom Radius r können wir berechnen. Wir ersetzen sie zunächst in bekannter Weise durch eine Folge von n Zylinderschichten von der Höhe $\frac{r}{n} = \triangle x$ und dem Inhalte

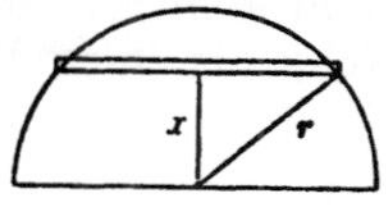

Fig. 3.

$\pi\,(r^2 - x^2)\,\triangle x$ (Fig. 3), so daß die so entstandene „Kugeltreppe" den Inhalt

$$\sum_0^r \pi\,(r^2 - x^2)\,\triangle x = \pi r^2 \sum_0^r \triangle x - \pi \sum_0^r x^2 \triangle x$$

hat. Dann wird die Halbkugel selbst das Volumen

$$\pi r^2 \int_0^r dx - \pi \int_0^r x^2\, dx = \pi r^3 - \frac{1}{3}\,\pi r^3 = \frac{2}{3}\,\pi r^3 \text{ haben.}$$

§ 4. EIN GONIOMETRISCHER HILFSSATZ UND SEINE ANWENDUNG

Die Summe S der Reihe

$$\cos \alpha + \cos 2\,\alpha + \cos 3\,\alpha + \cdots + \cos n\,\alpha$$

kann man dadurch bestimmen, daß man $2\,S \sin \alpha$ bildet und nun die Formel

$$2 \cos k\,\alpha \sin \alpha = \sin\,(k+1)\,\alpha - \sin\,(k-1)\,\alpha$$

auf alle Glieder der Reihe anwendet. Man erhält dann:

$$2\,S \sin\alpha = \sin 2\,\alpha + (-\sin\alpha + \sin 3\,\alpha) + (-\sin 2\,\alpha + \sin 4\,\alpha) +$$
$$+ \cdots + (-\sin\,(n-2)\,\alpha + \sin n\,\alpha) + (-\sin\,(n-1)\,\alpha +$$
$$+ \sin\,(n+1)\,\alpha) = -\sin\alpha + \sin n\,\alpha + \sin\,(n+1)\,\alpha,$$

also wird $\qquad S = \dfrac{\sin\,(n+1)\,\alpha + \sin n\,\alpha - \sin\alpha}{2 \sin\alpha}.$

Setzt man hier $\alpha = \triangle x$ und $n\,\alpha = n\triangle x = \varphi$ und multipliziert die letzte Gleichung für S noch mit $\triangle x$, so folgt

$$S\triangle x = \frac{1}{2}\left(\sin(\varphi + \triangle x) + \sin\varphi - \sin\triangle x\right)\frac{\triangle x}{\sin\triangle x}.$$

Geht man zur Grenze $\triangle x = 0$ über, so sieht man, daß aus $S\triangle x$ ein Integral entsteht, und man bekommt

(III)
$$\int_0^\varphi \cos x\,dx = \sin\varphi.$$

Ganz auf demselben Wege gewinnt man

(IV)
$$\int_0^\varphi \sin x\,dx = 1 - \cos\varphi.$$

§ 5. INTEGRALE ZWISCHEN BELIEBIGEN GRENZEN
DAS INTEGRAL ALS FUNKTION DER OBEREN GRENZE
DER ZUSAMMENHANG ZWISCHEN DEM DIFFERENTIALQUOTIENTEN UND DEM INTEGRAL

Als Hauptergebnis unserer bisherigen Betrachtungen halten wir fest:

Der Inhalt einer Fläche, die von der Kurve $y = f(x)$, den Koordinatenachsen und der Ordinate einer beliebigen Abszisse $x = a$ begrenzt wird, läßt sich ausdrücken als das bestimmte Integral:

$$\int_0^a y\,dx.$$

Eine naheliegende Verallgemeinerung ist die Berechnung der Fläche F, die zwischen der Kurve $y = f(x)$, der x-Achse und zwei beliebigen Ordinaten zu $x = a$ und $x = b$ enthalten ist. Wir finden sie sogleich als Differenz:

$$F = \int_0^b y\,dx - \int_0^a y\,dx.$$

Hierfür schreiben wir kürzer $\quad F = \int\limits_a^b y\,dx.$

Dieses bestimmte Integral mit den Grenzen a und b ist eine feste, wohldefinierte Größe, wie aus seiner geometrischen Deutung als Fläche ohne weiteres hervorgeht.

Jetzt wollen wir einen Schritt weiter tun und es als Funktion seiner oberen Grenze auffassen lernen. Der Sinn dieser Aussage leuchtet sofort ein: halten wir die untere Grenze a fest und ändern die obere b, so nimmt auch das Integral immer neue Werte an; dadurch ist ja eben gerade eine funktionale Abhängigkeit zwischen dem Integral und seiner oberen Grenze festgelegt. Um dies deutlicher hervortreten zu lassen, schreiben wir:

$$F(x) = \int\limits_a^x y\,dx.$$

Betrachten wir in diesem neuen Gewande die beiden Formeln (II) und (III), in denen $a = 0$ ist:

$$\int\limits_0^x x^\mu\,dx = \frac{x^{\mu+1}}{\mu+1} \quad \text{und} \quad \int\limits_0^x \cos x\,dx = \sin x,$$

so fällt uns auf, daß die mit dem Symbole dx behaftete Funktion unter dem Integralzeichen, der *Integrand*, der Differentialquotient der rechtsstehenden Funktion ist. In der Tat hat man ja

$$\frac{d\,\dfrac{x^{\mu+1}}{\mu+1}}{dx} = x^\mu \quad \text{und} \quad \frac{d\sin x}{dx} = \cos x.$$

Ist das allgemein so, oder trifft es nur hier, gewissermaßen zufällig, zu?

Sei $y = f(x)$ irgendeine Funktion, die graphisch eine vernünftige Kurve darstellt (Fig. 4) und in dem betrachteten Intervall nicht unendlich wird; ist ferner $OA = a$, $AB = f(a)$, Q ein veränderlicher Punkt auf der Abszissenachse, $OQ = x$, $QP = y$ und sei endlich die veränderliche Fläche

$$ABPQ = F(x) = z.$$

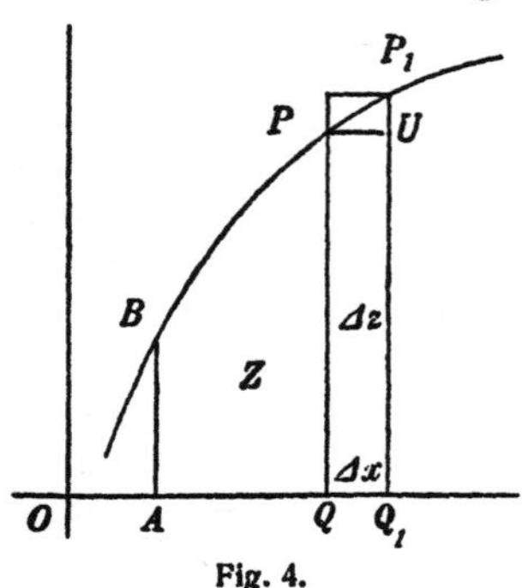

Fig. 4.

Wir denken uns die Fläche $F(x)$ dadurch erzeugt, daß die Ordinate AB nach rechts hin verschoben wird, so daß A mit konstanter Geschwindigkeit auf der Achse, B auf der Kurve wandert. Dann sieht man, daß z eine Funktion von x ist, die für $x = a$ den Wert Null hat. Wir wollen nun die *Änderungsgeschwindigkeit* von z bestimmen, denn überall, wo eine Bewegung vorliegt, fragen wir nach der Geschwindigkeit. Diese Geschwindigkeit wird aber durch den Differentialquotienten gegeben. Lassen wir x um $QQ_1 = \Delta x$ zunehmen, so nimmt y um $UP_1 = \Delta y$, z um $\Delta z = QQ_1P_1P$ zu, und man erkennt leicht, daß:

$$y\,\Delta x < \Delta z < y\,\Delta x + \Delta x \cdot \Delta y;$$

also ist

$$y < \frac{\Delta z}{\Delta x} < y + \Delta y.$$

Lassen wir nun Δx nach Null konvergieren, so verschwindet auch Δy und die beiden Grenzen rücken zusammen, d. h. wir haben das Ergebnis $\dfrac{dz}{dx} = y$.

Wir finden also:

$$z = \int_a^x y\,dx$$ ist diejenige Funktion der oberen Grenze x, die für $x = a$ Null wird und deren Differentialquotient nach x die Funktion y ist.

Es muß noch angemerkt werden, daß als Folge dieser ganzen Auffassung *für die Fläche z eine negative Zahl herauskommt, wenn die Ordinaten negativ sind.* Wenn wir also die von der Sinuskurve und der Achse umschlossene Fläche für die Grenzen $x = 0$ bis $x = 2\pi$ berechnen wollen, so ergibt sich Null, da sich der positive Teil, der über der Achse liegt (von $x = 0$ bis $x = \pi$), gegen den unter der Achse befindlichen negativen Teil glatt weghebt.

§ 6. GEOMETRISCHE ÜBERLEGUNGEN
KONSTRUKTION DER INTEGRALKURVE

Bei der Wichtigkeit des letzten, für die Integralrechnung grundlegenden Ergebnisses wollen wir versuchen, es auch auf anderem, geometrisch anschaulichem Wege zu gewinnen. Zu diesem Zwecke gehen wir auf die Entstehung des Differentialquotienten und des Integrals zurück. Da hatten wir zuerst einmal zu einer gegebenen Kurve $y = f(x)$ die abgeleitete Kurve gezeichnet. Wir teilen, um das nochmals auszuführen, etwa die Strecke von $x = a$ bis $x = b$

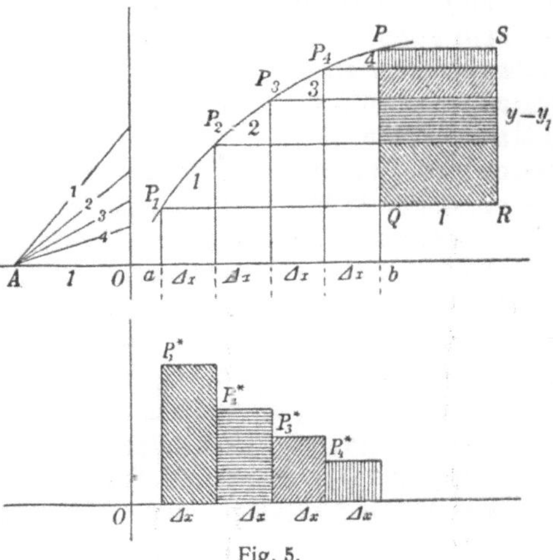

Fig. 5.

in n gleiche Teile $\triangle x$ — in Fig. 5 sind es vier —, die Ordinaten mögen y_1, y_2, y_3, y_4, y, die Kurvenpunkte mögen P_1, P_2, P_3, P_4, P heißen. Dann ziehen wir die Sehnen 1, 2, 3, 4 und die Parallelen zur Abszissenachse, tragen etwa links vom Nullpunkt die Strecke $OA = 1$ auf und ziehen durch A Parallelen zu den Sehnen nach der y-Achse; die dort abgeschnittenen Stücke sind die Tangenten der Steigungswinkel der Sehnen. Tragen wir diese Stücke in einem senkrecht darunter liegenden Koordinatensysteme als Ordinaten auf, so ergeben sich die Punkte P_1^*, P_2^*, P_3^*, P_4^* mit den Ordinaten

$$y_1^* = \frac{y_2 - y_1}{\triangle x}, \quad y_2^* = \frac{y_3 - y_2}{\triangle x}, \quad y_3^* = \frac{y_4 - y_3}{\triangle x}, \quad y_4^* = \frac{y - y_4}{\triangle x}.$$

Daher ist

$$y_1^* \triangle x + y_2^* \triangle x + y_3^* \triangle x + y_4^* \triangle x = (y - y_1) \, 1 = PQ \cdot 1 = PQRS,$$

wenn wir die Rechteckseite $QR = 1$ machen. D. h. aber:

Die Summe der Rechtecke der unteren Figur ist gleich dem Rechteck der oberen Figur gebildet aus der Differenz der Endordinaten und der Einheitsstrecke,
einem Rechteck, das sich übrigens zusammensetzt aus den einzelnen Schichten mit den Höhen $y_2 - y_1$ usw. Man erkennt leicht: *für den Fall, daß ein Steigungswinkel stumpf, sein Tangens also negativ ist, geht das betreffende Rechteck subtraktiv in die Figur wie in die Rechnung ein;* ferner aber ist sofort ersichtlich, daß *der Fall, wo der Steigungswinkel ein rechter ist, einfach auszuschließen* ist, denn dessen Tangens wird ja unendlich groß, und dann ist die vorstehende Betrachtung nicht mehr anwendbar.

Wenn wir nun in beiden Figuren das $\triangle x$ immer kleiner werden, n also wachsen lassen, so ändern sich die gesternten Punkte und die Rechtecke der unteren Figur immerfort, bis sie schließlich für lim $\triangle x = 0$ in die Punkte $P_1', P_2' \ldots$ der abgeleiteten Kurve übergehen und die schraffierte Fläche der unteren Figur endlich die von dem Bogen der abgeleiteten Kurve, den Endordinaten y_1' und y' und der Abszissendifferenz $x - x_1$ begrenzte Fläche wird. In der oberen Figur rücken die Ordinaten immer enger zusammen, die Sehnen nähern sich immer mehr den Tangenten, **aber die Fläche** $PQRS$ **bleibt unverändert** von derselben Größe und Form $(y - y_1) \cdot 1$, nur setzt sie sich aus immer mehr übereinander geschichteten Rechtecken zusammen. Daraus geht aber hervor, daß die Fläche der unteren Figur bei abnehmendem $\triangle x$ ihre Form so ändert, daß ihre Größe konstant gleich $(y - y_1) \cdot 1$ erhalten bleibt, daß wir also ihren Grenzwert von vornherein schon haben! Betrachten wir nur die numerischen Werte, so dürfen wir den Faktor 1 weglassen und können nun das Ergebnis kurz schreiben:

$$(V) \qquad\qquad \int_{x_1}^{\overset{\bullet}{x}} y' \, dx = y - y_1 ,$$

wobei wir aber nicht vergessen wollen, nochmals ausdrücklich darauf hinzuweisen, daß wir den Fall $y' = \infty$ in dem Intervall von x_1 bis x ausgeschlossen und von vornherein angenommen hatten, daß die Kurve $y = f(x)$ eine sogenannte *vernünftige Kurve* war.

Die eben abgeleitete *Grundformel der Integralrechnung* sagt aus:

Steht unter dem Integralzeichen eine Funktion $f(x)$, die sich als Ableitung einer Funktion $F(x)$ darstellen läßt, so ist das bestimmte Integral gleich der Differenz derjenigen beiden Werte, die $F(x)$ für die Grenzen des Integrals annimmt:

$$(VI) \qquad \int_a^b f(x)\,dx = F(b) - F(a), \quad \text{wenn} \quad f(x) = F'(x),$$

immer unter Beachtung der mehrfach angegebenen Voraussetzungen!

Damit ist z. B. die Gültigkeit der Formel (II) (S. 9) für *beliebiges reelles μ mit alleiniger Ausnahme des Wertes $\mu = -1$* bewiesen.

Aufgaben. Berechne und stelle geometrisch dar:

$$\int_0^1 \sqrt{x}\,dx, \qquad \int_5^7 \sqrt[3]{x^2}\,dx, \qquad \int_0^{\frac{\pi}{2}} \sin x\,dx,$$

$$\int_0^{\frac{\pi}{2}} \cos x\,dx, \qquad \int_0^1 \frac{dx}{1+x^2}, \qquad \int_0^{\frac{1}{2}} \frac{dx}{\sqrt{1-x^2}}.$$

Versuchen wir jetzt auch das Integral als Funktion seiner oberen Grenze graphisch darzustellen, so sehen wir zunächst, daß derjenige Wert von x, für den das Integral Null sein soll, also die untere Grenze, beliebig gewählt werden kann. Im übrigen muß man dann offenbar genau umgekehrt verfahren wie bei der Darstellung der abgeleiteten Kurve.[1]) Es mögen also (Fig. 6) $P_1', P_2', P_3' \cdots$ Punkte der gegebenen Kurve $y = z' = f(x)$ sein. Wir machen $OA = 1$ und ziehen durch A diejenigen Geraden, die auf der y-Achse Strecken gleich den Ordinaten der Punkte $P_1', P_2', P_3' \cdots$ abschneiden. Diese mit $1, 2, 3 \cdots$ bezeichneten Geraden geben die Richtungen der Tangenten in den zugehörigen Punkten $P_1, P_2, P_3 \ldots$ der

---

1) Siehe Teil I § 3.

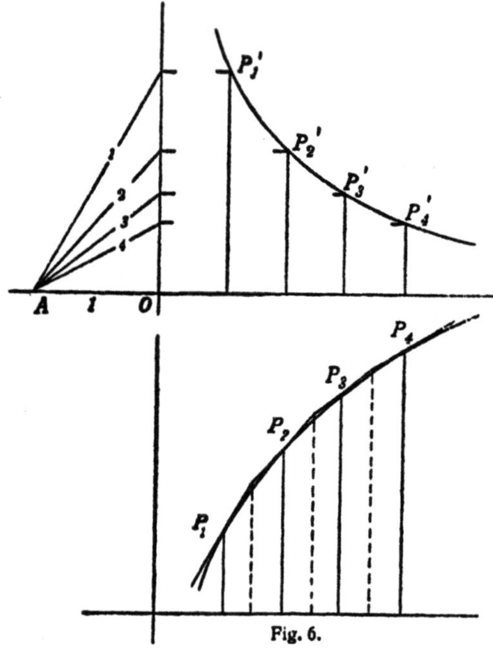

Fig. 6.

Kurve $z = F(x)$, der *Integralkurve*, an. Man nimmt etwa P_1 beliebig an, zeichnet die durchgehende Tangente und sorgt im Weitergehen dafür, daß die andern Ordinaten in den vorgeschriebenen Richtungen 2, 3··· überschritten werden. Das geht aber am einfachsten, wenn man mitten zwischen je zwei Ordinaten neue Ordinaten einschiebt und die Parallelen bis zu diesen hin zieht. Eine geringe Übung, die dem Leser aber sehr empfohlen sei, wird die Zweckmäßigkeit und verhältnismäßige Genauigkeit der Methode erweisen.

A u f g a b e. Bestimme durch graphische Integration der Fläche eines Viertelkreises vom Radius 2 die Zahl π!

Fig. 7.

A n l e i t u n g. Als Längeneinheit wählt man etwa 5 cm, den Viertelkreis aber nimmt man nacheinander in verschiedenen Lagen (Fig. 7) gegen die Achsen an und vergleicht die erhaltenen Ergebnisse miteinander.

ZWEITES KAPITEL

§ 7. DAS UNBESTIMMTE INTEGRAL

Betrachtet man die obere Grenze eines Integrals als variabel, die untere Grenze als unbestimmt, so nennt man ein solches Integral unbestimmt, gibt bei ihm die Grenzen über-

haupt nicht an und fügt nur, um die Unbestimmtheit des Wertes anzudeuten, eine additive Konstante mit Hilfe eines Buchstabens hinzu. So schreibt man z. B.

$$\int x^2 dx = \tfrac{1}{3}x^3 + C.$$

Sowie man die untere Grenze, etwa a, festsetzt, erhält die willkürliche Konstante C einen bestimmten Wert, denn für $x = a$ muß ja das Integral Null sein: $\tfrac{1}{3}a^3 + C = 0$.

Also ist

$$C = -\tfrac{1}{3}a^3,\ \int_a^x x^2 dx = \tfrac{1}{3}x^3 - \tfrac{1}{3}a^3; \quad \int_a^b x^2 dx = \tfrac{1}{3}b^3 - \tfrac{1}{3}a^3.$$

Das bestimmte Integral kann also aus dem unbestimmten leicht gefunden werden, und es stellt sich hier als eine Differenz dar. In der Tat folgen ja aus dem Begriff des Integrals als Grenzwert einer Summe oder als Fläche ohne weiteres die Beziehungen

$$\text{(VII)} \qquad \int_a^b y\,dx + \int_b^c y\,dx = \int_a^c y\,dx,$$

$$\text{(VIII)} \qquad \int_a^b y\,dx + \int_b^a y\,dx = 0,$$

$$\text{(IX)} \qquad \int_a^b y\,dx = \int_c^b y\,dx - \int_c^a y\,dx,$$

wobei a, b, c beliebige konstante Werte von x darstellen und wobei selbstverständlich immer vorausgesetzt wird, daß y in allen diesen Intervallen reell und endlich bleibt. Die Festlegung des Wortlauts der durch die letzten drei Formeln ausgedrückten Sätze und ihre anschauliche Begründung durch Zeichnung überlassen wir dem Leser, der den Begriff des Integrals um so fester erfassen wird, je genauer und gewissenhafter er dabei zu Werke geht. Ein Ergebnis[1] dieser Überlegungen sei aber doch angegeben:

---

1) Vgl. Formel (VI) und den dortigen Satz.

Das bestimmte Integral kann ermittelt werden, indem man das unbestimmte für die obere und für die untere Grenze berechnet und den letzteren Wert vom ersteren abzieht; die willkürliche Konstante hebt sich bei der Subtraktion weg.

Beispiele sind etwa in leicht verständlicher Schreibweise:

$$\int_a^b x^3\,dx = \frac{1}{4}\left[x^4\right]_a^b = \frac{b^4 - a^4}{4};$$

$$\int_0^\pi \sin x\,dx = \left[-\cos x\right]_0^\pi = \left[\cos x\right]_\pi^0 = 1 - (-1) = 2$$

$$\int_a^b \frac{(x+p)\,dx}{\sqrt{x^2 + 2px + q}} = \left[\sqrt{x^2 + 2px + q}\right]_a^b$$

$$= \sqrt{b^2 + 2pb + q} - \sqrt{a^2 + 2pa + q}.$$

Wir sind damit imstande, jedes Integral $\int f(x)\,dx$ zu berechnen, wenn wir die unter dem Integralzeichen stehende Funktion $f(x)$ als Differentialquotienten einer Funktion $F(x)$ kennen und zunächst auch nur dann.

Als wichtige weitere Formeln können wir demnach buchen:

$$(\mathrm{X}) \qquad \int \frac{dx}{\cos^2 x} = \tan x + C$$

$$(\mathrm{XI}) \qquad \int \frac{dx}{\sin^2 x} = -\cot x + C$$

$$(\mathrm{XII}) \qquad \int \frac{dx}{\sqrt{1-x^2}} = \arcsin x + C$$

$$(\mathrm{XIII}) \qquad \int \frac{dx}{1+x^2} = \arctan x + C;$$

sie folgen ohne weiteres aus den Formeln für die Differentialquotienten der rechts stehenden Funktionen (vgl. Teil I). Die additive Konstante muß wegen des Fehlens der unteren Grenze überall hinzugefügt werden.

§ 8. INTEGRATIONSREGELN

Wir hatten auf mehrfache Weise gesehen, daß die Integration als eine Umkehrung der Differentiation betrachtet werden kann. Es erhebt sich also ganz naturgemäß die Frage, in welcher Gestalt die besonderen Regeln, die wir bei der Differentiation zusammengesetzter Funktionen aufgedeckt hatten, hier bei der inversen Operation verwendbar werden. Was die Summe mehrerer Funktionen anlangt, so ist es ja leicht bewiesen[1]), daß das Integral einer Summe von Funktionen die Summe der Integrale der einzelnen Funktionen selbst ist. Ebenso haben wir schon in § 3 darauf hingewiesen, daß ein konstanter Faktor, der unter dem Integralzeichen steht, vor dieses Zeichen gesetzt werden kann. Es ergeben sich so die Formeln

$$\text{(XIV)} \qquad \int (u + v)\, dx = \int u\, dx + \int v\, dx,$$

$$\text{(XV)} \qquad \int a y\, dx = a \int y\, dx$$

Wie steht es aber nun mit der Produktformel? Wir hatten die Formel für die Differentiation von uv aus der Gleichung[2])

$$\Delta y = \Delta(uv) = (u + \Delta u)(v + \Delta v) - uv =$$
$$= v\Delta u + u\Delta v + \Delta u \Delta v$$

gewonnen. Aus ihr folgt

$$u\Delta v = \Delta(uv) - v\Delta u - \Delta u \Delta v$$

oder

$$u\, \frac{\Delta v}{\Delta x}\, \Delta x = \frac{\Delta(uv)}{\Delta x}\, \Delta x - v\, \frac{\Delta u}{\Delta x}\, \Delta x - \frac{\Delta u}{\Delta x}\, \frac{\Delta v}{\Delta x}\, (\Delta x)^2.$$

Bilden wir nun durch Grenzübergang die unbestimmten Integrale, so erhalten wir:

$$\lim_{\Delta x=0} \sum u\, \frac{\Delta v}{\Delta x}\, \Delta x = uv - \lim_{\Delta x=0} \sum v\, \frac{\Delta u}{\Delta x}\, \Delta x -$$
$$- \lim_{\Delta x=0} \left[\Delta x \sum \frac{\Delta u}{\Delta x}\, \frac{\Delta v}{\Delta x}\, \Delta x \right].$$

---

1) Führe diesen Beweis analytisch durch und mache ihn dir geometrisch klar.
2) Siehe Band 9 S. 28.

Der letzte Ausdruck wird aber wegen des voranstehenden Faktors $\triangle x$ verschwinden, und so entsteht endlich die wichtige Formel

$$\text{(XVI)} \qquad \int u v' dx = uv - \int v u' dx.$$

Das durch diese Formel angedeutete Integrationsverfahren nennt man **partielle Integration** oder **Teilintegration**; es ist eine der fruchtbarsten Methoden bei der Berechnung der Integrale.

Eine weitere wichtige Formel liefert uns die Regel für die Differentiation der Funktion einer Funktion. Es war (Teil I, § 11) $u = \varphi(x)$ und $y = f(u) = f(\varphi(x))$ gesetzt worden; dann ergab sich: $y' = \dfrac{dy}{dx} = \dfrac{dy}{du} \cdot \dfrac{du}{dx}$. Die entsprechende Reduktionsformel der Integralrechnung läßt sich in doppelter Form schreiben:

$$\text{(XVII)} \qquad \int f(u)\, du = \int f(\varphi(x)) \frac{du}{dx} dx$$

$$\text{oder} \qquad \int f(\varphi(x))\, dx = \int f(u) \frac{dx}{du} du;$$

man nennt dies **Integration durch Substitution**.

Zunächst sei bemerkt, daß dieses Verfahren nur anwendbar ist, wenn sich die Werte der Veränderlichen u und x in dem Integrationsbereich *umkehrbar eindeutig* entsprechen, d. h. wenn jedem Werte von u ein Wert von x entspricht und ebenso auch jedem Werte von x nur ein Wert von u. Zum Beweise der ersten Formel von XVII bilden wir den Differentialquotienten nach x. Links müssen wir erst nach u differenzieren, was $f(u)$ ergibt, und dann nach x, was $f(u) \dfrac{du}{dx}$ liefert; das aber ist gleich dem Differentialquotienten $f(\varphi(x))\, \varphi'(x)$ der rechten Seite. Nun können sich die beiden Integrale nur noch durch eine additive Konstante unterscheiden, die bei der Ansetzung der unteren Grenzen der Integrale berücksichtigt werden muß; das soll in Beispielen des § 10 geschehen. Ganz Entsprechendes folgt für die zweite Formel von (XVII).

§ 9. BEISPIELE FÜR PARTIELLE INTEGRATION

In den folgenden Beispielen soll gezeigt werden, wie Formel XVI anzuwenden ist. Da wir dabei die Integration als Umkehrung der Differentiation behandeln, so sind wir, wie bei jeder inversen Operation, auf ein Versuchen angewiesen. Es entsteht bei manchen Aufgaben sogar die Möglichkeit, verschiedene Wege einzuschlagen.

Beispiel 1. $\displaystyle\int \arcsin x\, dx$.

Wir kennen bisher keine Funktion, deren Differentialquotient $\arcsin x$ wäre. Setzen wir aber $\quad u = \arcsin x, \quad v' = 1,$

so ergibt sich: $\quad u' = \dfrac{1}{\sqrt{1-x^2}}, \quad v = x,$

also wird

$$\int \arcsin x\, dx = x \cdot \arcsin x - \int \frac{x\, dx}{\sqrt{1-x^2}}.$$

Das letztere Integral aber ist leicht zu ermitteln, da doch

$$\frac{d\sqrt{1-x^2}}{dx} = -\frac{x}{\sqrt{1-x^2}}$$

ist. Also wird nun

$$\int \arcsin x\, dx = x \cdot \arcsin x + \sqrt{1-x^2} + C,$$

wobei wir die beim unbestimmten Integral auftretende beliebige Konstante mit C bezeichnet haben.

Beispiel 2. $\displaystyle\int x \sin x\, dx$.

Hier setzen wir $\quad u = x, \quad v' = \sin x,$

erhalten demnach $u' = 1, \quad v = -\cos x$

und damit $\displaystyle\int x \sin x\, dx = -x \cos x + \int \cos x\, dx$

$$= -x \cos x + \sin x + C.$$

Wählen wir aber in dem gegebenen Ausdrucke

$$u = \sin x, \quad v' = x,$$

so wird $\qquad u' = \cos x, \quad v = \tfrac{1}{2}x^2$

und damit kommt

$$\int x \sin x\, dx = \tfrac{1}{2} x^2 \sin x - \tfrac{1}{2} \int x^2 \cos x\, dx.$$

So gelangen wir also nicht zum gewünschten Ziele, denn das Integral auf der rechten Seite ist uns unbekannt. Aber wir können aus dieser Gleichung unter Benutzung des vorher ausgewerteten Integrales der Funktion $x \sin x$ jetzt finden:

$$\int x^2 \cos x\, dx = x^2 \sin x - 2\int x \sin x\, dx$$

$$= (x^2 - 2)\sin x + 2x \cos x + C.$$

Beispiel 3.[1]) $\qquad \int \cos^2 x\, dx.$

Wir setzen $\qquad u = \cos x, \quad v' = \cos x,$

also $\qquad\qquad u' = -\sin x, \quad v = \sin x.$

Daher wird $\int \cos^2 x\, dx = \cos x \sin x + \int \sin^2 x\, dx$

$$= \cos x \sin x + \int (1 - \cos^2 x)\, dx.$$

Folglich ist $2\int \cos^2 x\, dx = \cos x \sin x + \int dx,$

also endlich $\int \cos^2 x\, dx = \tfrac{1}{2}(x + \sin x \cos x) + C.$

Entsprechend $\int \sin^2 x\, dx = \tfrac{1}{2}(x - \sin x \cos x) + C.$

Beispiel 4. $\qquad 2pr\int_0^{\frac{\pi}{2}} \sin^3 \varphi\, d\varphi.$

Dieses Integral erhält man, nebenbei bemerkt, bei der Berechnung des Winddruckes gegen einen Kreiszylinder mit Radius r und der Höhe 1, wenn p den Winddruck senkrecht zur Flächeneinheit und φ den Winkel zwischen einer Kreistangente und der Windrichtung bedeutet.

---

1) Berechne das Integral auf anderem Wege mit Hilfe der Formel $\cos^2 x = (1 + \cos 2x) : 2$.

Wir setzen $\quad u = \sin^2 \varphi, \; v' = \sin \varphi,$

erhalten $\quad u' = 2 \sin \varphi \cos \varphi, \quad v = -\cos \varphi,$

also $\int \sin^3 \varphi \, d\varphi = -\sin^2 \varphi \cos \varphi + 2 \int \sin \varphi \cos^2 \varphi \, d\varphi$

$$= -\sin^2 \varphi \cos \varphi + 2 \int \sin \varphi \, (1 - \sin^2 \varphi) \, d\varphi$$

$$= -\sin^2 \varphi \cos \varphi + 2 \int \sin \varphi \, d\varphi - 2 \int \sin^3 \varphi \, d\varphi.$$

Daher wird nun

$$3 \int \sin^3 \varphi \, d\varphi = -\sin^2 \varphi \cos \varphi - 2 \cos \varphi + C,$$

also endlich

$$2 p r \int_0^{\frac{\pi}{2}} \sin^3 \varphi \, d\varphi = -\tfrac{2}{3} p r \, [\sin^2 \varphi \cos \varphi + 2 \cos \varphi]_0^{\frac{\pi}{2}}$$

$$= -\tfrac{2}{3} p r \, [-2] = \tfrac{4}{3} p r.$$

Angemerkt sei noch, daß man dies Integral auch unter Verwendung der goniometrischen Formel

$$\sin^3 \varphi = \tfrac{3}{4} \sin \varphi - \tfrac{1}{4} \sin 3 \varphi$$

behandeln kann. Man erhält dann leicht:

$$\int \sin^3 \varphi \, d\varphi = -\tfrac{3}{4} \cos \varphi + \tfrac{1}{12} \cos 3 \varphi + C.$$

§ 10. BEISPIELE ZUR INTEGRATION DURCH SUBSTITUTION

Als einfachstes Beispiel bietet sich uns die Potenz einer linearen Funktion von x dar. Wir setzen also $y = (ax + b)^m$, so daß $u = ax + b$ wird. Dann ist $x = (u - b) : a$ und $\frac{dx}{du} = \frac{1}{a}$, folglich wird

$$\int (ax + b)^m \, dx = \int u^m \cdot \frac{1}{a} \, du = \frac{u^{m+1}}{a(m+1)} + C.$$

Ist die untere Grenze etwa x_0, so wird $u_0 = ax_0 + b$ und die Formel lautet:

$$\int_{x_0}^{x} (ax+b)^m \, dx = \frac{1}{a} \int_{u_0}^{u} u^m \, du = \frac{(ax+b)^{m+1}}{a(m+1)} - \frac{(ax_0+b)^{m+1}}{a(m+1)}.$$

Ist der Integrand, d. h. die Funktion, die integriert werden soll, $\sin(ax+b)$, so setzt man natürlich $ax+b = u$ und erhält $\frac{dx}{du} = \frac{1}{a}$; somit wird

$$\int \sin(ax+b)\,dx = \frac{1}{a} \int \sin u\,du = -\frac{1}{a} \cos(ax+b) + C.$$

Allgemein folgt daraus: kennt man

$$\int f(x)\,dx = F(x), \quad \text{so ist} \quad \int f(ax+b)\,dx = \frac{1}{a} F(ax+b) + C.$$

Weiter behandeln wir das Integral $\int \frac{dx}{(x+a)^2+1}$. Setzen wir hier $x+a = u$, so ist $\frac{dx}{du} = 1$ und es wird

$$\int \frac{dx}{(x+a)^2+1} = \int \frac{du}{u^2+1} = \arctan(x+a) + C.$$

In ähnlicher Weise verfahren wir, wenn der Nenner nicht $(x+a)^2+1$, sondern allgemeiner $x^2+2ax+b$ lautet. Wir verwandeln ihn zunächst in die Form $(x+a)^2 + b - a^2$ und führen nun u so ein, daß wir wieder auf arctan kommen. Das geschieht durch die Substitution

$$(x+a)^2 + b - a^2 = (b-a^2)(u^2+1).$$

Dann wird $x+a = u\sqrt{b-a^2}$ und wir müssen demnach die Bedingung stellen, daß die Wurzel reell ist, $b > a^2$ und daß wir sie etwa mit dem positiven Vorzeichen nehmen wollen. Nun ist $\frac{dx}{du} = \sqrt{b-a^2}$ und es ergibt sich:

$$\int \frac{dx}{x^2+2ax+b} = \int \frac{\sqrt{b-a^2}\cdot du}{(b-a^2)(u^2+1)} = \frac{1}{\sqrt{b-a^2}} \arctan \frac{x+a}{\sqrt{b-a^2}} + C.$$

Weitere Beispiele sind:

$$\int \sqrt{ax+b}\,dx; \quad ax+b=u^2, \quad \frac{dx}{du}=\frac{2u}{a};$$

$$\int \sqrt{ax+b}\,dx = \frac{2}{a}\int u^2\,du = \frac{2}{3a}\sqrt{(ax+b)^3}+C$$

$$\int \frac{x\,dx}{\sqrt{a^2x^2+b^2}}; \quad a^2x^2+b^2=u^2, \quad x\frac{dx}{du}=\frac{u}{a^2};$$

$$\int \frac{x\,dx}{\sqrt{a^2x^2+b^2}} = \frac{1}{a^2}\int du = \frac{1}{a^2}\sqrt{a^2x^2+b^2}+C.$$

Als Beispiel für eine trigonometrische Substitution wollen wir noch das Ellipsensegment berechnen. Aus der Gleichung der Ellipse mit den Achsen a und b ergibt sich für den Abschnitt S zwischen den Ordinaten der Punkte x_1 und x_2:

$$\int_{x_1}^{x_2} y\,dx = \int_{x_1}^{x_2} \frac{b}{a}\sqrt{a^2-x^2}\,dx.$$

Setzt man hier $x = a\sin u$, so wird $\frac{dx}{du}=a\cos u$, $y=b\cos u$ und man bekommt

$$S = \frac{b}{a}\int_{u_1}^{u_2} a^2\cos^2 u\,du = ab\int_{u_1}^{u_2}\cos^2 u\,du$$

$$= \frac{ab}{2}\Big[u+\sin u\cos u\Big]_{u_1}^{u_2}.$$

Insbesondere erhält man für $u_1=0$, $u_2=\frac{1}{2}\pi$ die Fläche eines Viertels der Ellipse $\frac{1}{4}\pi ab$, für die ganze Ellipsenfläche demnach πab.

Allgemeine Regeln, um mit Hilfe einer Substitution zum Ziele zu gelangen, gibt es nicht; aber manchmal gelingt es, wertvolle Eigenschaften eines Integrales durch Substitution zu gewinnen. Ein Beispiel, das wir später benutzen werden, möge das erläutern. Sei das Integral $\int_a^x \frac{dx}{x}$ vorgelegt! Setzen wir hier $cx=u$, so wird $\frac{dx}{du}=\frac{1}{c}$, die Grenzen werden ca

und cx und es entsteht

$$\int_a^x \frac{dx}{x} = \int_{ca}^{cx} \frac{c\,du}{u} \cdot \frac{1}{c} = \int_{ca}^{cx} \frac{du}{u} = \int_{ca}^{cx} \frac{dx}{x}.$$

Wir haben hier zuletzt die Integrationsvariable statt u wieder x genannt, was offenbar ohne Einfluß ist. Wir sehen aus der Gleichung, daß sich das vorgelegte Integral nicht ändert, wenn man seine beiden Grenzen mit einer beliebigen Konstanten c multipliziert.

DRITTES KAPITEL

§ 11. DIE GLEICHSEITIGE HYPERBEL

Die gleichseitige Hyperbel, deren Gleichung wir in der einfachsten Form $xy = 1$, oder $y = x^{-1}$ annehmen, spielt in der Geschichte der Mathematik des 17. Jahrhunderts eine bedeutsame Rolle. Wohl hatte man bei der Hyperbel, wie bei der Ellipse und Parabel, schon im Altertum viele Eigenschaften aufgedeckt, man konnte vor allem auch ihre Tangenten konstruieren, aber es war nicht gelungen, wie bei den andern Kegelschnitten (vgl. § 3 und § 10), den Flächeninhalt eines Segments zu berechnen. Diese Aufgabe, die um die Mitte des 17. Jahrhunderts auf mehrfache Weise gelöst wurde und zu einer belangreichen Erweiterung der bis dahin bekannten Funktionen führte, wollen wir jetzt in Angriff nehmen. Da für $x = 0$ die Ordinate $y = \infty$ wird, so können wir das Integral, das uns den Flächeninhalt liefert, nicht von der unteren Grenze $x = 0$ aus berechnen, wir müssen eine andere Grenze wählen, und zwar wollen wir $x = 1$ herausgreifen. Die obere Grenze sei ein beliebiger Punkt P mit den Koordinaten x und $y = \dfrac{1}{x}$. Bezeichnet man den Scheitel mit S und seine Projektion auf die x-Achse mit A, so ist $OA = 1$, $SA = 1$ und es handelt sich daher um die Berechnung der Fläche $AQPS$. Diese Fläche ist eine Funktion von $OQ = x$. Wir wählen als Funktionszeichen hier den Buchstaben l und schreiben demnach:

$$1)\qquad \text{Fläche } AQPS = \int_1^x y\,dx = \int_1^x \frac{dx}{x} = l(x).$$

Blicken wir auf die Formel (II) (S. 9) und beachten das am Schlusse von § 6 auf S. 17 Gesagte, so haben wir hier gerade den dort ausdrücklich ausgenommenen Fall. In der Tat ist hier eine Lücke auszufüllen. Bilden wir die Differentialquotienten von x^3, x^2, x^1, x^0, x^{-1}, x^{-2}, ... so erhalten wir der Reihe nach $3x^2$, $2x$, 1, 0, $-x^{-2}$, $-2x^{-3}$, ... *es fehlt also x^{-1} in dieser Reihe.* Um die neue Funktion $l(x)$ kennen zu lernen, studieren wir ihre Eigenschaften. Ein Zahlenwert ergibt sich sofort aus der Definition, $l(1) = 0$. Jetzt kommt uns die am Schlusse von § 10 gelehrte Tatsache zustatten, daß

$$2)\qquad \int_1^x \frac{dx}{x} = \int_c^{cx} \frac{du}{u} \quad \text{oder auch} \quad \int_1^{x_2} \frac{dx}{x} = \int_{x_1}^{x_1 x_2} \frac{dx}{x}$$

ist, die in geometrischer Ausdrucksweise besagt, daß der Flächeninhalt zwischen den Ordinaten 1 und x (oder 1 und x_2) gleich dem zwischen den Ordinaten c und cx (oder x_1 und $x_1 x_2$) ist. Verschiebt man also das Flächenstück unter der Hyperbel entlang der x-Achse und dehnt es in dem Maße aus, wie die Höhe ver-

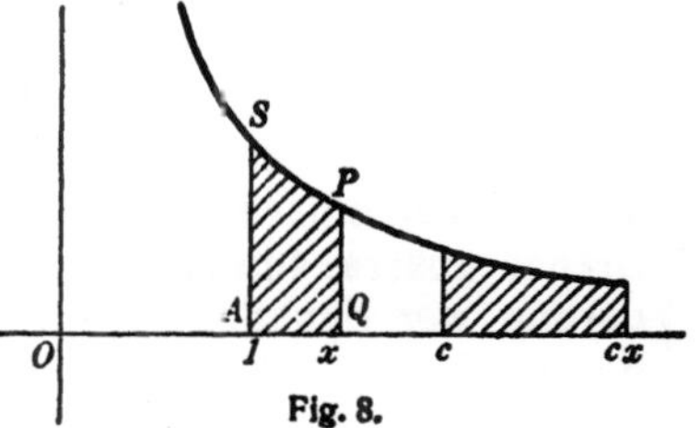

Fig. 8.

ringert wird, so bleibt seine Größe erhalten (s. Fig. 8). Nach dieser Formel 2) aber ergibt sich sofort die wichtige Gleichung:

$$3)\qquad \int_1^{x_1} \frac{dx}{x} + \int_1^{x_2} \frac{dx}{x} = \int_1^{x_1} \frac{dx}{x} + \int_{x_1}^{x_1 x_2} \frac{dx}{x} = \int_1^{x_1 x_2} \frac{dx}{x}.$$

Das bedeutet aber für unsre unbekannte Funktion l eine *Funktionalgleichung:*

$$4)\qquad l(x_1) + l(x_2) = l(x_1 x_2).$$

Eine solche Gleichung nennt man ein **Additionstheorem,** und wir erkennen, daß unsere Funktion *dasselbe Additionstheorem hat, wie der gemeine Logarithmus.* Weiter aber sehen wir, daß sie auch alle andern Eigenschaften mit dem Logarithmus gemein hat. Setzen wir nämlich $x_1 = x_2 = x$, so folgt aus 4) sofort $l(x^2) = 2l(x)$, und fortfahrend gewinnen wir für ein positives ganzzahliges n die Gleichung

5)
$$l(x^n) = n\,l(x),$$

die wir noch durch den Schluß von n auf $n + 1$ sichern können. Denn es wird $l(x^{n+1}) = l(x^n \cdot x) = l(x^n) + l(x) = (n + 1)l(x)$. Setzen wir in Gl. 5) $\sqrt[n]{x}$ an Stelle von x, so erhalten wir: $\qquad l(x) = n\,l(\sqrt[n]{x}) \qquad\qquad$ oder

6)
$$l(\sqrt[n]{x}) = \frac{1}{n}\,l(x)$$

und wenn wir die Formeln 5) und 6) verbinden, so ergibt sich für jede rationale positive Zahl $\frac{m}{n}$ die Gleichung

7)
$$l(x^{\frac{m}{n}}) = \frac{m}{n}\,l(x);$$

das bedeutet aber, daß die Formel 5) für alle rationalen, positiven Exponenten gültig ist. Da man jeder irrationalen reellen Zahl durch rationale Zahlen beliebig nahe kommen kann, und offenbar einer beliebig kleinen Änderung der oberen Grenze unseres Integrals auch stets eine beliebig kleine Änderung der Funktion (der Fläche!) entspricht, so gilt die Formel 5) auch mit beliebiger Annäherung für irrationale positive Exponenten.[1]) Schreiben wir in Formel 4) x an Stelle von x_1 und setzen $x_2 = \frac{1}{x}$, so erhalten wir:

$$l(x) + l\!\left(\frac{1}{x}\right) = l(1) = 0, \quad \text{also wird} \quad l\!\left(\frac{1}{x}\right) = -\,l(x)$$

und daraus ergibt sich allgemein:

8)
$$l(x^{-n}) = -\,n\,l(x),$$

d. h. die Gleichung 5) besteht auch für negative Exponenten.

§ 12. DER NATÜRLICHE LOGARITHMUS

Die Funktion $l(x)$, die alle Eigenschaften eines Logarithmus hat, nennt man den *natürlichen Logarithmus* und bezeichnet sie entweder mit dem bloßen Buchstaben l ohne

---

1) Eine strengere Darlegung gehört nicht in eine erste Einführung.

die Klammern, die wir bisher anwandten, oder auch durch lg oder ln oder log nat. Wir wählen die Bezeichnung lg und schreiben demnach:

(XVIII)
$$\int_1^x \frac{dx}{x} = \lg x$$

Kennen wir den natürlichen Logarithmus für irgendeine positive Zahl p, dann können wir mit Hilfe einer Tafel der gemeinen Logarithmen den natürlichen Logarithmus für irgendeine positive Zahl x finden. Wir brauchen ja nur einen Exponenten n so zu bestimmen, daß $p^n = x$ wird. Daraus folgen die beiden Gleichungen $\lg x = n \lg p$, $\log x = n \log p$. Dividiert man beide Gleichungen durcheinander, so ergibt sich:

1)
$$\lg x = \frac{\lg p}{\log p} \log x = \frac{1}{M} \log x,$$

d. h. wir erhalten den natürlichen Logarithmus irgendeiner positiven Zahl x, wenn wir ihren gemeinen Logarithmus mit einem von x unabhängigen, bestimmten Faktor multiplizieren, den man gewöhnlich mit $\frac{1}{M}$ bezeichnet; er ist der Quotient des natürlichen Logarithmus durch den gemeinen Logarithmus irgendeiner positiven Zahl (außer der Zahl 1). M nennt man den Modul des Systems der gemeinen Logarithmen. Wählen wir die Zahl $p = 1,1 = 11 : 10$, so erhalten wir $\lg 1,1 = \lg 11 - \lg 10$, also die Fläche zwischen den Ordinaten der Punkte $x = 10$ und $x = 11$, wo die Hyperbel schon recht flach ist. Unsere beiden Rechtecksummen liefern, wenn wir das Intervall in 10 gleiche Teile zerlegen, für die Fläche F die Ungleichungen haben:
$$0,1 \left[\frac{1}{10,1} + \frac{1}{10,2} + \cdots + \frac{1}{11,0} \right] <$$
$$< F < 0,1 \left[\frac{1}{10,0} + \frac{1}{10,1} + \frac{1}{10,2} + \cdots + \frac{1}{10,9} \right]$$

oder ausgerechnet $\quad 0,094\,86 < F < 0,09577$.

Das arithmetische Mittel der beiden Rechtecksummen ist, wie man an einer Figur leicht erkennt, die Summe der Trapeze, die man erhält, wenn man die Sehnen der Hyperbel zieht, also auch etwas größer als F, und damit bekommt man angenähert
$$\lg 1,1 \approx 0,09531.$$

Nun ist $\log 1,1 \approx 0,04139$, also wird der gesuchte Faktor

$$\frac{1}{M} \approx \frac{0,09531}{0,04139} \approx \text{num} \log 0,3622 \approx 2,3026.$$

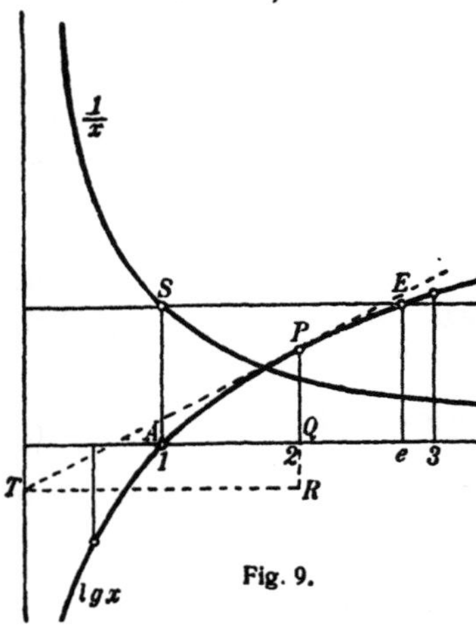

Fig. 9.

Multipliziert man also die gemeinen Logarithmen mit dieser Zahl 2,3026, so erhält man die natürlichen Logarithmen.[1])

In Fig. 9 ist die Kurve der natürlichen Logarithmen mit der gleichseitigen Hyperbel eingezeichnet; die links von der Ordinate des Punktes $x = 1$ entstehenden Flächen sind *negativ* zu rechnen, sie werden ja durch eine Bewegung der Anfangsordinate AS nach links hin erzeugt.

§ 13. DER DIFFERENTIALQUOTIENT DES LOGARITHMUS

Aus der Grundformel (XVIII) ergibt sich zufolge der Definition des Integrals ohne weiteres eine wichtige Formel, die wir in der Differentialrechnung in Bd. I nicht gefunden hatten:

(XIX) $$\frac{d \lg x}{d x} = \frac{1}{x}.$$

Will man nun einen beliebigen Logarithmus mit der Grundzahl a differenzieren, so muß man zunächst den Zusammenhang dieses Logarithmus mit dem natürlichen kennen. Bezeichne ich den a-Logarithmus von x mit ξ, so besteht die Gleichung $a^\xi = x$. Logarithmiere ich diese einmal nach a, ein zweites Mal nach dem natürlichen System, so entstehen die beiden

---

1) Vermehrt man eine Zahl x um 1%, so entsteht die Zahl $x \cdot 1,01$, deren natürlicher Logarithmus $\lg x + \lg 1,01$ ist. Nun ist $\lg 1,01 = 2,3026 \cdot \log 1,01 = 0,00995 \approx 0,01$, d. h. also: vermehrt man eine Zahl um 1%, so wächst ihr natürlicher Logarithmus angenähert um 0,01.

Gleichungen $\xi = {}^a\log x$ und $\xi \lg a = \lg x$, durch deren Division man erhält:

$$^a\log x = \frac{\lg x}{\lg a}.$$

Differenziert man diese Gleichung, so kommt die allgemeine Formel

(XX)
$$\frac{d\,{}^a\log x}{d x} = \frac{1}{x \lg a}.$$

Mit diesen Formeln ist uns ein neues großes Gebiet eröffnet, in das wir nun einen kleinen Vorstoß machen wollen. Zunächst erlaubt uns Formel (XIX), in einem beliebigen Punkte P der logarithmischen Kurve (vgl. Fig. 9) die Tangente zu konstruieren. Wir brauchen nur auf der Ordinate $PR = 1$ anzumerken und durch R die Parallele zur x-Achse zu ziehen, die in T die y-Achse trifft. PT ist dann die gesuchte Tangente.

Sodann haben wir die Möglichkeit, logarithmische Ausdrücke zu differenzieren; einige Beispiele mögen hier kurz angegeben werden, deren genauere Ausführung dem Leser überlassen sei.

$$y = \lg (a^n - x^n) \qquad\qquad y = \lg(x + \sqrt{1 + x^2})$$

$$y' = -\frac{n x^{n-1}}{a^n - x^n} \qquad\qquad y' = \frac{1}{\sqrt{1 + x^2}}$$

$$y = \lg\sqrt{2ax - x^2} \qquad\qquad y = \lg(a + x + \sqrt{2ax + x^2})$$

$$y' = \frac{a - x}{2ax - x^2} \qquad\qquad y' = \frac{1}{\sqrt{2ax + x^2}}.$$

$$y = \lg\sqrt{\frac{1 + x}{1 - x}} \qquad\qquad y = \lg\sqrt{x^2 - a^2}$$

$$y' = \frac{1}{1 - x^2} \qquad\qquad y' = \frac{x}{x^2 - a^2}$$

$$y = \lg \sin x \qquad y = \lg \cos x \qquad y = \lg \tan x$$

$$y' = \cot x \qquad y' = -\tan x \qquad y' = \frac{2}{\sin 2x}.$$

Es kommt dabei eine Formel in Anwendung, die auf der Differentiation der Funktion einer Funktion beruht. Ist u eine Funktion von x, etwa $u = \varphi(x)$, so heißt die Formel

(XXI)
$$\frac{d \lg u}{d x} = \frac{u'}{u} \quad \text{oder} \quad \frac{d \lg \varphi(x)}{d x} = \frac{\varphi'(x)}{\varphi(x)}.$$

Endlich aber sind wir auch imstande, eine große Anzahl von Integrationen auszuführen. Obige neun Differentiationsbeispiele geben umgekehrt ebenso viele Beispiele zur Integration; um nur an dreien das vorzuführen, schreiben wir:

$$\int \frac{dx}{\sqrt{1+x^2}} = \lg(x+\sqrt{1+x^2})+C$$

oder z. B. als bestimmtes Integral:

$$\int_0^1 \frac{dx}{\sqrt{1+x^2}} = \lg(1+\sqrt{2});$$

$$\int \frac{dx}{1-x^2} = \lg\sqrt{\frac{1+x}{1-x}} + C;$$

$$\int \tan x \, dx = -\lg\cos x + C$$

oder mit bestimmten Grenzen:

$$\int_0^{\frac{\pi}{4}} \tan x \, dx = -\lg\cos\frac{\pi}{4} = \frac{1}{2}\lg 2.$$

Der Formel (XXI) steht dann zur Seite als Gegenstück die allgemeine Formel

$$\text{(XXII)} \qquad \int \frac{\varphi'(x)dx}{\varphi(x)} = \lg\varphi(x) + C.$$

In Worten: *Ist der Integrand ein Bruch, dessen Zähler der Differentialquotient des Nenners ist, so ist das Integral des Bruches der natürliche Logarithmus des Nenners.*
So erhält man z. B. leicht die Formel

$$\int \frac{\cos\left(\frac{2\pi t}{T}+a\right)dt}{a\sin\left(\frac{2\pi t}{T}+a\right)+b} = \frac{T}{2a\pi}\lg\left[\sin\left(\frac{2\pi t}{T}+a\right)+b\right]+C.$$

Ist ferner der Integrand $\frac{1}{\sin x}$, so bildet man daraus

$$\frac{1}{2\sin\frac{x}{2}\cos\frac{x}{2}} = \frac{1}{2\cos^2\frac{x}{2}} \cdot \frac{1}{\tan\frac{x}{2}}; \quad \text{da nun} \quad \frac{1}{2\cos^2\frac{x}{2}}$$

der Differentialquotient von $\tan\frac{x}{2}$ ist, so folgt:

$$\int \frac{dx}{\sin x} = \lg\tan\frac{x}{2} + C.$$

Alle diese Formeln bedeuten geometrisch gewisse Flächeninhalte.

§ 14. DIE INTEGRATION RATIONALER ALGEBRAISCHER BRÜCHE

Bei einem rationalen algebraischen Bruch sind Zähler und Nenner Polynome mit einer endlichen Zahl von Gliedern, die nach fallenden Potenzen von x geordnet seien. Wir betrachten zuerst den einfachsten Fall.

I. Der Nenner ist ein linearer Ausdruck $ax + b$.

Falls der Zähler keine Konstante, sondern ein Polynom n^{ten} Grades in x ist, dividieren wir aus; wir erhalten dann einen ganzen Quotienten vom Grade $n - 1$ und im allgemeinen einen Bruch mit konstantem Zähler; so ist z. B.

$$(6x^3 - 13x^2 + 9x - 4) : (2x - 3) = 3x^2 - 2x + 1\tfrac{1}{2} + \frac{\tfrac{1}{2}}{2x - 3}.$$

Die Integration gestaltet sich nun sehr einfach gliedweise:

$$\int \frac{6x^3 - 13x^2 + 9x - 4}{2x - 3}\,dx = \int\Big(3x^2 - 2x + 1\tfrac{1}{2} + \frac{\tfrac{1}{2}}{2x - 3}\Big)dx$$

$$= x^3 - x^2 + 1\tfrac{1}{2}x + \tfrac{1}{4}\lg(2x - 3) + C.$$

Ebenso ergibt sich:

$$\int \frac{ax + b}{cx + d}\,dx = \int\Big(\frac{a}{c} - \frac{ad - bc}{c(cx + d)}\Big)\,dx$$

$$= \frac{a}{c}x - \frac{ad - bc}{c^2}\lg(cx + d) + C.$$

II. Der Nenner ist ein quadratischer Ausdruck.

Wir dividieren wieder aus, bis ein Bruch übrigbleibt, dessen Zähler höchstens linear in x ist. Wir können es ferner durch

Kürzen stets erreichen, daß der Koeffizient von x^2 im Nenner $+1$ ist. Dann haben wir die Aufgabe auszuführen:

$$\int \frac{mx+n}{x^2+px+q}\,dx.$$

Der Nenner läßt sich nun bekanntlich immer in zwei lineare Faktoren zerlegen. Lösen wir nämlich die Gleichung $x^2+px+q=0$ auf und nennen wir die Wurzeln α und β, so ist

$$x^2+px+q=(x-\alpha)(x-\beta).$$

Wir haben die bekannten drei Fälle zu unterscheiden.

1. Die Wurzeln α und β sind reell und verschieden ($p^2-4q>0$). Dann kann man immer zwei Zahlen A und B so bestimmen, daß identisch (d. h. für alle Werte von x)

$$\frac{mx+n}{x^2+px+q}=\frac{mx+n}{(x-\alpha)(x-\beta)}=\frac{A}{x-\alpha}+\frac{B}{x-\beta}$$

wird. Wir multiplizieren dazu die Gleichung mit dem Hauptnenner und erhalten $mx+n=A(x-\beta)+B(x-\alpha)$. Setzen wir hier nun $x=\alpha$, so ergibt sich $A=(m\alpha+n):(\alpha-\beta)$; setzen wir $x=\beta$, so folgt $B=(m\beta+n):(\beta-\alpha)$. Damit aber haben wir sofort:

$$\int \frac{mx+n}{x^2+px+q}\,dx=\frac{m\alpha+n}{\alpha-\beta}\int \frac{dx}{x-\alpha}-\frac{m\beta+n}{\alpha-\beta}\int \frac{dx}{x-\beta}$$

$$=\frac{1}{\alpha-\beta}\left[(m\alpha+n)\lg(x-\alpha)-(m\beta+n)\lg(x-\beta)\right]+C.$$

2. Die Wurzeln sind reell und gleich ($p^2-4q=0$, $\alpha=\beta$). In diesem Falle bestimmt man die Konstanten A und B so, daß $\dfrac{mx+n}{(x-\alpha)^2}=\dfrac{A}{(x-\alpha)^2}+\dfrac{B}{x-\alpha}$ wird. Man findet $A=m\alpha+n$, $B=m$, also wird

$$\int \frac{mx+n}{(x-\alpha)^2}\,dx=-\frac{m\alpha+n}{x-\alpha}+m\lg(x-\alpha)+C.$$

3. Die Wurzeln sind konjugiert komplex ($p^2-4q<0$). Dieser Fall ist leicht auf eine schon früher erledigte Integration zurückzuführen, indem man $mx+n=\dfrac{m}{2}(2x+p)$ $+\left(n-\dfrac{mp}{2}\right)$ setzt. Denn dann wird

$$\int \frac{mx+n}{x^2+px+q} = \frac{m}{2}\cdot\int \frac{2x+p}{x^2+px+q}\,dx$$

$$+ \left(n - \frac{mp}{2}\right)\cdot\int \frac{dx}{x^2+px+q}\,.$$

Das erste Integral liefert einen Logarithmus und das zweite nach einer in § 10 entwickelten Formel einen Arkustangens.

Wenn der Nenner eine Funktion höheren Grades als des zweiten ist, so läßt sich stets eine analoge *Partialbruchzerlegung* ausführen, sofern man die Wurzeln des Nenners kennt.

§ 15. DIE EXPONENTIALFUNKTION

Wenn wir in Fig. 9 durch den Scheitel S der Hyperbel eine Parallele zur x-Achse ziehen, so muß sie die logarithmische Kurve schneiden, denn diese Kurve entfernt sich immer mehr von der Achse, da die Logarithmen stetig über jeden Betrag hinaus wachsen. Nennen wir den Schnittpunkt E und seine Abszisse e, so ist e die Zahl, deren natürlicher Logarithmus 1 ist. Der Zahlenwert ist sofort zu finden, denn der gemeine Logarithmus von e ist nach § 12 Gleichung (1).

$$\log e = M = 1:2{,}3026 = 0{,}43429 \qquad \text{also:}$$

$$\text{(XXIII)}\begin{cases} e = 2{,}71828 \ldots \text{ ist die Grundzahl der natürlichen} \\ \text{Logarithmen; wenn } e^x = y \text{ ist, so ist } x = \lg y. \end{cases}$$

Man bezeichnet eine Potenz mit konstanter Grundzahl und veränderlichem Exponenten als *Exponentialfunktion*; insbesondere heißt sie die *natürliche Exponentialfunktion*, wenn die Grundzahl e ist. Da wir den Differentialquotienten des Logarithmus kennen, so können wir auch die inverse Funktion, eben die Exponentialfunktion, differenzieren, denn die beiden Differentialquotienten sind reziprok.[1]) Es ergibt sich also:

$$\frac{dy}{dx} = 1:\frac{dx}{dy} = 1:\frac{1}{y} = y,$$

wir erhalten demnach die belangreichen Formeln

$$\text{(XXIV)} \qquad \frac{de^x}{dx} = e^x \quad \text{und} \quad \int e^x dx = e^x + C.$$

---

1) Vgl. Teil I § 16.

Die natürliche Exponentialfunktion ist also ihren sämtlichen Differentialquotienten gleich.[1]) Für die beliebige Exponentialfunktion a^x ergeben sich sofort die Formeln[2])

$$\text{(XXV)} \qquad \frac{d\,a^x}{d\,x} = a^x \lg a \quad \text{und} \quad \int a^x dx = \frac{a^x}{\lg a} + C.$$

Einige Beispiele, die auch praktischer Anwendung fähig sind, seien hier angeschlossen:

$$1. \quad y = ce^{ax}; \qquad\qquad y' = ace^{ax}$$

$$2. \quad y = x^n e^x; \qquad\qquad y' = (x + n)\,x^{n-1} e^x$$

$$3. \quad y = \frac{c}{2}\left(e^{\frac{x}{c}} + e^{-\frac{x}{c}}\right); \quad y' = \frac{1}{2}\left(e^{\frac{x}{c}} - e^{-\frac{x}{c}}\right)$$

$$4. \quad y = e^{-\lambda x}\,(a \sin \omega x + b \cos \omega x);$$

$$y' = e^{-\lambda x}\,[-(a\lambda + b\omega) \sin \omega x + a\omega - b\lambda \cdot \cos \omega x]$$

$$5. \quad \int x e^x dx = x e^x - \int e^x dx = x e^x - e^x + C$$

$$6. \quad \int e^x \sin x\, dx = e^x \sin x - \int e^x \cos x\, dx$$

$$\int e^x \cos x\, dx = e^x \cos x + \int e^x \sin x\, dx;$$

aus den beiden letzten Gleichungen erhält man durch Subtraktion und Addition die Ergebnisse:

$$\int e^x \sin x\, dx = \tfrac{1}{2} e^x\,(\sin x - \cos x) + C;$$

$$\int e^x \cos x\, dx = \tfrac{1}{2} e^x\,(\sin x + \cos x) + C.$$

§ 16. ANWENDUNGEN DER NATÜRLICHEN EXPONENTIALFUNKTION UND DES LOGARITHMUS

Die Funktion $y = e^{ax}$ hat den Differentialquotienten $y' = ae^{ax}$, d. h. dieser Differentialquotient ist der Funktion y proportional. Auf dieser Tatsache beruhen im wesentlichen alle praktischen Anwendungen der Exponentialfunktion, wie an einigen Beispielen sofort klar werden wird.

---

[1]) Vgl. das Verhalten der Differentialquotienten des Sinus und des Kosinus.

[2]) Setze $a = e^\alpha$, dann wird $a^x = e^{\alpha x}$! Was ist α?

1. Das Zinseszinsengesetz. Wenn ein Kapital k in einer gewissen Zeit $p\%$ Zinsen gibt, so sind diese Zinsen dem Kapital proportional. Bei der üblichen Art der Zinsenberechnung der Sparkassen werden die Zinsen, die in einem Jahre aufgelaufen sind, wieder zum Kapital geschlagen, das sich also aller Jahre gewissermaßen *ruckweise* vermehrt und dann wieder verzinst wird. So erhält man in n Jahren den Wert $k\left(1 + \frac{p}{100}\right)^n$, wobei n eine ganze Zahl sein muß. Es drängt sich uns nun die Frage auf, ob und in welcher Weise ein *stetiges* Wachstum des Kapitals mit der Zeit durch Formeln dargestellt werden kann. Nennen wir das veränderliche Kapital y zur Zeit x, so muß die Änderung $\triangle y$ in der Zeit $\triangle x$ dem augenblicklichen Werte y und der Zeit $\triangle x$ proportional sein. Bezeichnet man den Proportionalitätsfaktor mit λ, so entsteht die Gleichung $\triangle y = \lambda y \triangle x$. Dividiert man die Gleichung durch $\triangle x$ und geht zur Grenze über, so kommt die Gleichung

$$1) \qquad \frac{dy}{dx} = \lambda y, \quad \text{also ist} \quad \boldsymbol{y = ke^{\lambda x}},$$

denn dann wird $y' = \lambda k e^{\lambda x} = \lambda y$. Setzen wir hier $x = 0$, so erhalten wir den Anfangswert $y_0 = k$ des Kapitals. Messen wir die Zeit x in Jahren, so folgt aus dem Vergleich mit der gewöhnlichen Verzinsung in einem Jahre die Beziehung $k\left(1 + \frac{p}{100}\right) = ke^{\lambda}$, und daraus ergibt sich:

$$2) \qquad \lambda = lg\left(1 + \frac{p}{100}\right).$$

Man nennt diese Art der Zunahme einer Größe y *organisches Wachstum*, da man sich vorstellt, daß das stetige Wachsen in der Natur, z. B. bei Pflanzen, innerhalb einer gewissen Zeit so erfolgt.[1])

Andere Beispiele folgen weiter unten, vorher aber wollen wir an diese Betrachtung noch eine Überlegung anknüpfen, die uns zu einem bemerkenswerten Grenzwerte führt. Wir können nämlich jenes organische Wachstum des Kapitals k auch noch anders darstellen.

---

1) Ermittle die Größen y und λ für verschiedene Werte von p; berechne und zeichne den Verlauf für $p = 33\frac{1}{3}$ für einige Jahre.

Wir gehen von der Gleichung $\Delta y = \lambda y \Delta x$ aus und denken uns das Δx als den m^{ten} Teil eines Jahres $\Delta x = \frac{1}{m}$. Dann entsteht die Gleichung $\Delta y = \frac{\lambda}{m} y$, d. h. das Kapital soll in $\frac{1}{m}$ Jahr um $\frac{\lambda}{m}$ seines Wertes wachsen; in einem ganzen Jahre wird demnach das Anfangskapital den Betrag $k\left(1 + \frac{\lambda}{m}\right)^m$ erreicht haben. Läßt man jetzt m über alle Grenzen wachsen, so wird nach einem Jahre der Wert ke^λ herauskommen; also hat man, wenn man durch k kürzt, die wichtige Beziehung[1])

$$(XXVI)\mathbf{]} \qquad \lim_{m = \infty} \left(1 + \frac{\lambda}{m}\right)^m = e^\lambda.$$

Diese Formel kann man auch durch Reihenentwickelung — auf die wir jedoch nirgends eingegangen sind — unmittelbar finden und zur Definition der Größe e benutzen; so pflegt man meist vorzugehen und von hier aus alle früheren Ergebnisse und Formeln für die Differentiation des Logarithmus und der Exponentialfunktion abzuleiten.

2. Das Erkaltungsgesetz. Wenn ein Körper an allen Punkten seiner Oberfläche dieselbe Temperatur hat, die um θ Grad höher sei, als die konstante Temperatur seiner Umgebung, so gibt er (nach *Newton*) in jedem Augenblick an die Umgebung eine der Temperaturdifferenz θ proportionale Wärmemenge ab. Die Temperatur des Körpers wird mithin in jedem Augenblick eine dieser Temperaturdifferenz proportionale Abnahme erleiden. Bezeichnen wir die Zeit mit t, so ist demnach zunächst $\Delta \theta = - a\theta \Delta t$, und daraus ergibt sich die Gleichung $\frac{d\theta}{dt} = - a\theta$, so daß also das Newtonsche Erkaltungsgesetz:

$$3) \qquad \theta = \theta_0 e^{-at} \quad \text{oder} \quad \lg \theta_0 - \lg \theta = at$$

folgt; dabei ist ersichtlich θ_0 der zur Zeit $t = 0$ vorhandene Temperaturüberschuß. Hat man durch Beobachtung zu den Zeiten t_1 und t_2 die Temperaturüberschüsse θ_1 und θ_2 des

---

[1]) Berechne für $\lambda = 1$ den Wert von $\left(1 + \frac{1}{m}\right)^m$ mit Hilfe der Logarithmentafel für $m = 1, 5, 10, 50, 100, 1000$ und vergleiche diese Werte mit $e = 2{,}71828\ldots$

Körpers über die Temperatur der Umgebung gefunden, so ergibt sich durch Subtraktion die Gleichung

$$\lg \theta_1 - \lg \theta_2 = a\,(t_2 - t_1),$$

und man findet

4)
$$a = \frac{\lg \dfrac{\theta_1}{\theta_2}}{t_2 - t_1}$$

3. Die barometrische Höhenformel. Nachdem Torricelli (1608—1647) 1643 das Quecksilberbarometer erfunden hatte, schloß Pascal (1623—1662), daß die Barometersäule beim Besteigen eines Berges sinken müsse, weil der Luftdruck geringer werde — was Périer 1648 bei Besteigung des Puy de Dôme bestätigte. Dieses Sinken des Barometers kann man zur Messung von Höhen verwerten. Wir nehmen an, daß überall dieselbe Temperatur herrscht und wollen die Beziehung zwischen dem Barometerstand b und der Höhe h aufsuchen. Wenn wir um die Höhe $\triangle h$ steigen, so sinkt die Barometersäule auf einen Betrag $b + \triangle b$, wo also $\triangle b$ negativ ist; da 13,6 das spez. Gew. des Quecksilbers ist, so ist die Druckverminderung $13,6 \cdot \triangle b$. Bezeichnen wir das spez. Gew. der Luft an dieser Stelle mit s, so folgt die Gleichung $13,6 \cdot \triangle b = -s \cdot \triangle h$. Nun sagt das Gesetz von Boyle (1627—1691), daß das Produkt aus Druck und Volumen einer bestimmten Gasmenge bei derselben Temperatur immer denselben Wert hat; da das spez. Gew. dem Volumen umgekehrt proportional ist, so folgt demnach für zwei Zustände b, s und b_0, s_0 die Beziehung $b : s = b_0 : s_0$. Berechnen wir daraus s und setzen diesen Wert in die frühere Gleichung ein, so ergibt sich $\triangle b = -\dfrac{s_0}{13,6 \cdot b_0}\, b \cdot \triangle h$. Gehen wir jetzt zur Grenze über und bezeichnen der Kürze halber den konstanten Faktor mit μ, so erhalten wir die Gleichungen

5)
$$\frac{db}{dh} = -\mu b; \quad b = b_0 e^{-\mu h}; \quad h = \frac{1}{\mu}\,(\lg b_0 - \lg b).$$

Wählen wir insbesondere $b_0 = 76$ cm als Barometerstand bei der Meereshöhe $h = 0$ m, so ist $s_0 = 0,001293$ gr. cm^{-3}, und es wird $\mu = 1 : 799381$. Nimmt man die gemeinen Logarithmen statt der natürlichen, so tritt noch der Faktor 2,3026 hinzu, und man erhält nach Division durch 100 das Ergebnis in Metern:

6) $$h = 18400 \ (1{,}8808 - \log b) \ \text{Meter}.$$

VIERTES KAPITEL

§ 17. DIE BOGENLÄNGE EBENER KURVEN

Die Bestimmung der Länge des Bogens einer ebenen Kurve, die sogenannte Rektifikation, ist ebenfalls eine Aufgabe, die von der Integralrechnung in allgemeinster Weise gelöst wird. Wir gehen, wie bei der elementaren Berechnung des Kreisumfanges, von einem Sehnenvieleck aus, bezeichnen den Bogen als Funktion von x mit s und lassen x um $\triangle x$ wachsen; dann wächst y um $\triangle y$, und die dadurch bestimmte Sehne nennen wir $\triangle s$. In dieser Annahme liegt ein grundsätzlicher Unterschied zu der elementaren Kreisberechnung; dort geht man von Vielecken mit lauter gleichen Seiten aus, hier sind die Stücke $\triangle x$ der Abszissenachse alle untereinander gleich und die zugehörigen $\triangle s$ untereinander verschieden. Aus dem rechtwinkligen Dreieck mit den Seiten $\triangle s, \triangle x, \triangle y$ ergibt sich $\triangle s^2 = \triangle x^2 + \triangle y^2$. Dividiert man diese Gleichung durch $\triangle x^2$, zieht die Quadratwurzel und geht zur Grenze über, so kommt

$$(\text{XXVII}) \qquad \frac{ds}{dx} = \sqrt{1 + \left(\frac{dy}{dx}\right)^2} \quad \text{und} \quad s = \int_{x_1}^{x_2} \sqrt{1 + y'^2}\, dx.$$

Es mag nochmals daran erinnert sein, daß die Formeln nur für sogenannte „vernünftige" Kurven gelten und daß bei dem Integrale y' zwischen den Grenzen x_1 und x_2 nicht unendlich werden darf.

Beispiel 1. *Der Kreisbogen.* Die Gleichung des Kreises $x^2 + y^2 = r^2$ liefert bekanntlich $y' = - x : y$, also erhält man für den Bogen:

$$s = \int_{x_1}^{x_2} \sqrt{1 + \left(\frac{x}{y}\right)^2}\, dx = r \int_{x_1}^{x_2} \frac{dx}{\sqrt{r^2 - x^2}} = r \left[\arcsin \frac{x}{r}\right]_{x_1}^{x_2}.$$

Nehmen wir $x_1 = 0$, $x_2 = r$, so ergibt sich als Bogen des Viertelkreises:

$$r\left[\arcsin\frac{x}{r}\right]_0^r = r\cdot\frac{\pi}{2},$$

daher ist der ganze Kreisumfang $2\pi r$.

Beispiel 2. *Der Parabelbogen.* Aus der Parabelgleichung

$$x^2 = 2py \quad \text{folgt} \quad 2x = 2py'; \qquad \text{es ist dann}$$

$$s = \int_{x_1}^{x_2} dx\sqrt{1+\frac{x^2}{p^2}} = \left[\frac{x}{2p}\sqrt{x^2+p^2} + \frac{p}{2}\lg\left(\frac{x+\sqrt{x^2+p^2}}{p}\right)\right]_{x_1}^{x_2}.$$

Setzt man $x_1 = 0$, rechnet also den Bogen vom Scheitel aus, so wird das Integral für die untere Grenze gleich Null, und der in eckige Klammern geschlossene Ausdruck stellt den Bogen vom Scheitel bis zum Punkte x, y dar.

Beispiel 3. *Der Bogen der Neilschen Parabel.* Die Gleichung der Neilschen Parabel, die der Leser selbst zu zeichnen gebeten wird, lautet $y^2 = px^3$ oder $y = \sqrt{p}\, x^{\frac{3}{2}}$. Daraus folgt $y' = \frac{3}{2}\sqrt{px}$. Der Bogen vom Anfangspunkt bis zum Punkte x, y ist also

$$s = \int_0^x dx\sqrt{1+\frac{9px}{4}} = \frac{8}{27p}\left[\left(1+\frac{9px}{4}\right)^{\frac{3}{2}} - 1\right].$$

Beispiel 4. *Der Bogen einer Kettenlinie* vom tiefsten Punkte $(x = 0)$ bis zum Punkte x, y. Die Gleichung der Kettenlinie ist

$$y = \frac{m}{2}\left(e^{\frac{x}{m}} + e^{-\frac{x}{m}}\right),$$

mithin folgt nach leichter Rechnung:

$$s = \frac{1}{2}\int_0^x dx\sqrt{4+\left(e^{\frac{x}{m}}-e^{-\frac{x}{m}}\right)^2} = \frac{1}{2}\int_0^x\left(e^{\frac{x}{m}}+e^{-\frac{x}{m}}\right)dx$$

$$= \frac{m}{2}\left(e^{\frac{x}{m}} - e^{-\frac{x}{m}}\right) = my' = \sqrt{y^2-m^2}.$$

Nun ist aber für $x = 0$, wie man sofort sieht, $y = m$, und somit ist die Bogenlänge gleich der einen Kathete eines rechtwinkligen Dreiecks, dessen andere Kathete die Ordinate des tiefsten Punktes und dessen Hypotenuse die Ordinate des oberen Endpunktes ist. Man erkennt aber weiter, daß man die Bogenlänge auf der Tangente des Endpunktes abschneiden kann durch das Lot, das man vom Fußpunkte der Ordinate des Endpunktes auf die Tangente fällt, und daß dieses Lot die konstante Länge m hat.

Der Leser wird gebeten, die besprochenen Kurven zu zeichnen und an ihnen Tangenten zu konstruieren, sowie Flächenberechnungen auszuführen.

§ 18. OBERFLÄCHE UND INHALT VON UMDREHUNGSKÖRPERN

Dreht man eine Kurve um die x-Achse des Koordinatensystems, so beschreibt die Sehne $\triangle s$ den Mantel eines Kegelstumpfs, der nach bekannter elementarer Formel

$$\pi \triangle s (y + y + \triangle y) = 2\pi y \triangle s + \pi \triangle y \triangle s$$

ist. Beim Übergang zum Integral verschwindet das zweite Glied, da es ja zwei verschwindende Faktoren $\triangle y$ und $\triangle s$ hat, und man erhält für die Oberfläche die Formel

$$(\text{XXVIII}) \qquad O = 2\pi \int_a^b y \, ds = 2\pi \int_a^b y \sqrt{1 + y'^2} \, dx.$$

Für den Rauminhalt des Kegelstumpfs ergibt sich:

$$\frac{\pi}{3} \triangle x \left[y^2 + y(y + \triangle y) + (y + \triangle y)^2 \right]$$

$$= \pi y^2 \triangle x + \frac{\pi}{3} \triangle x \triangle y (3y + \triangle y).$$

Daher gewinnt man nach ähnlicher Überlegung wie vorher die Formel für das Volumen:

$$(\text{XXIX}) \qquad V = \pi \int_a^b y^2 \, dx.$$

Wir wollen diese Formeln an einigen Beispielen erläutern — die Kugel überlassen wir dem Leser zu eigner Betätigung.

1. *Der Kreisring.* Der Mittelpunkt des Kreises habe die Koordinaten $x = 0$, $y = a$, die Gleichung des Kreises ist also

$$x^2 + (y - a)^2 = r^2, \quad \text{mithin ist} \quad y' = - x : (y - a).$$

Die Oberfläche wird sich aus zwei Teilen O_1 und O_2 zusammensetzen, die wir dadurch voneinander trennen können, daß wir in dem Ausdruck $y = a \pm \sqrt{r^2 - x^2}$ für den einen Teil (den *äußeren* mit sogenannter positiver, kuppelförmiger Krümmung) die Wurzel mit dem positiven Vorzeichen nehmen, für den *inneren* (mit negativer, sattelförmiger Krümmung) mit negativem Vorzeichen. Es ergibt sich:

$$\left.\begin{matrix} O_1 \\ O_2 \end{matrix}\right\} = 2\pi \int\limits_{-r}^{+r} \left(a \pm \sqrt{r^2 - x^2}\right) dx \Big] \sqrt{1 + \frac{x^2}{r^2 - x^2}}$$

$$= 2\pi \int\limits_{-r}^{+r} \left(\frac{ar}{\sqrt{r^2 - x^2}} \pm r\right) dx = 2\pi \left[ar \cdot \arcsin \frac{x}{r} \pm rx \right]_{-r}^{+r}$$

$$= 2\pi^2 ar \pm 4\pi r^2.$$

Es ist demnach

$$O_1 = 2\pi^2 ar + 4\pi r^2 \quad \text{und} \quad O_2 = 2\pi^2 ar - 4\pi r^2.$$

Addieren wir die beiden Werte, so entsteht die Gesamtoberfläche

$$O_1 + O_2 = O = 4\pi^2 ar.$$

Lassen wir in der Formel für O_1 die Strecke $a = 0$ werden, so finden wir die Kugeloberfläche.

Für den Rauminhalt der beiden Teile erhalten wir den Ausdruck:

$$\left.\begin{matrix} V_1 \\ V_2 \end{matrix}\right\} = \pi \int\limits_{-r}^{+r} \left(a^2 \pm 2a\sqrt{r^2 - x^2} + r^2 - x^2\right) dx$$

$$= \pi \left[(a^2 + r^2) x - \frac{x^3}{3} \pm a \left(x\sqrt{r^2 - x^2} + r^2 \arcsin \frac{x}{r}\right) \right]_{-r}^{+r}$$

$$= 2\pi r (a^2 + r^2) - \frac{2}{3} \pi r^3 \qquad \pi r^3 + 2\pi a^2 r \pm \pi^2 a r^2$$

$$V = V_1 + V_2 = \frac{8}{3}\pi r^3 + 4\pi a^2 r.$$

2. *Das Volumen des Drehungsellipsoides.* Ist die große Achse der Ellipse mit der Gleichung $y^2 = b^2(a^2 - x^2) : a^2$ die Drehachse, so erhält man ohne weiteres die Formel für das Volumen V

$$V = \pi \int_{x_1}^{x_2} y^2\, dx = \frac{\pi b^2}{a^2} \int_{x_1}^{x_2} (a^2 - x^2)\, dx = \frac{\pi b^2}{a^2} \left[a^2 x - \frac{x^3}{3} \right]_{x_1}^{x_2}$$

$$= \frac{\pi b^2}{3 a^2} (x_2 - x_1)(3 a^2 - x_1^2 - x_1 x_2 - x_2^2).$$

Eine weitere Umrechnung ergibt, wenn man noch $x_2 - x_1 = h$ setzt und die Gleichung der Ellipse beachtet:

$$V = \frac{\pi}{6} h \left(3 y_1^2 + 3 y_2^2 + \frac{b^2 h^2}{a^2} \right).$$

Das Volumen des ganzen Ellipsoides erhält man für $y_1 = 0$, $y_2 = 0$, $h = 2a$:

$$V = \tfrac{4}{3} \pi a b^2.$$

Für $a = b$ kommt der Kugelinhalt.

3. Ein besonderes einfaches Beispiel bietet der Körper dar, der durch Umdrehung der Parabel $y^2 = 2px$ um die x-Achse entsteht, das Rotationsparaboloid. Wir überlassen die Berechnungen dem Leser.

§ 19. DIE GULDINSCHEN REGELN

Die Formeln (XXVIII) und (XXIX) lassen noch eine bemerkenswerte Deutung zu. Wenn man sich die Kurve von der Länge s, den „Meridian", gleichmäßig so mit Masse bedeckt denkt, daß die Längeneinheit 1 cm gerade 1 g Masse hat, so ist s zugleich die Maßzahl ihrer Masse. Bezeichnet nun η den Abstand des Schwerpunktes der Kurve von der x-Achse, so ist zufolge der Bedeutung des Schwerpunktes

$$1) \qquad\qquad \eta s = \int_a^b y\, ds$$

und die Formel (XXVIII) nimmt daher die Form an:

$$(\text{XXVIII a}) \qquad\qquad O = 2\pi \eta s.$$

Ist ferner η^* der Abstand des Schwerpunkts der rotierenden Fläche F von der x-Achse und ist die gleichmäßige

Massenbelegung so, daß 1 cm² mit 1 g Masse bedeckt ist, so hat man

2)
$$\eta^* F = \tfrac{1}{2} \int_a^b y^2 \, dx.$$

Um die Richtigkeit dieser Beziehung einzusehen, bedenke man, daß die Fläche F in Rechtecke von der Höhe y und der Breite Δx zerlegt war, deren Inhalt $y\Delta x$ ist und deren Schwerpunkt jedesmal im Mittelpunkt des Rechtecks liegt, daher den Abstand $\tfrac{1}{2}y$ von der x-Achse hat. Deshalb ist das statische Moment eines jeden solchen Rechtecks $y\Delta x \cdot \tfrac{1}{2}y$, somit stellt die rechte Seite der Gleichung 2) den Grenzwert der Summe aller dieser statischen Momente dar. Der Schwerpunkt ist aber doch gerade dadurch definiert, daß man die ganze Masse F in ihm vereinigt denkt und sein statisches Moment $\eta^* F$ der Summe jener statischen Momente gleich setzt. Führt man den so gewonnenen Wert von η^* in die Gleichung (XXIX) ein, so ergibt sich:

(XXIXa)
$$V = 2\pi\eta^* F.$$

Die beiden Formeln (XXVIIIa) und (XXIXa) faßt man zusammen in den sogenannten *Guldinschen Regeln*[1]):

Die Oberfläche einer Umdrehungsfläche ist gleich der Länge s eines Meridians multipliziert mit dem Wege $2\pi\eta$ seines Schwerpunktes.

Das Volumen einer Umdrehungsfläche ist gleich dem Inhalt F der rotierenden Fläche mulipliziert mit dem Wege $2\pi\eta^*$ ihres Schwerpunktes.

§ 20. DIE BESTIMMUNG VON FLÄCHENINHALTEN DURCH LINEARE MESSUNGEN
DIE SIMPSONSCHE REGEL

Wenn eine Kurve durch Zeichnung gegeben ist und man soll ein Segment berechnen, das außer von dem Kurvenbogen von zwei Ordinaten und einem Stück der Abszissenachse begrenzt ist, so kann man vielfach mit Erfolg aus

---

1) Guldin lebte 1577—1643; die Regeln sind aber bereits von Pappus (4. Jahrh. n. Chr.) gefunden worden.

linearen Messungen die Größe der Fläche finden. Ein Beispiel haben wir ja schon bei der gleichseitigen Hyperbel in § 12 ausgeführt und in § 1 war bereits darauf hingewiesen. Man teilt die Strecke $(b-a)$ von $x=a$ bis $x=b$ in n gleiche Teile von der Größe $(b-a):n=h$, errichtet in den Teilpunkten die Ordinaten $y_0, y_1, y_2, \ldots y_n$ und kann jetzt eine der folgenden Vereinfachungen eintreten lassen:

1. Man bildet die „innere Treppe", deren Inhalt

$$F_1 = h(y_0 + y_1 + \cdots + y_{n-1})$$ ist.

2. Man bildet die „äußere Treppe", deren Inhalt

$$F_2 = h(y_1 + y_2 + \cdots + y_n)$$ ist.

3. Man berechnet die einzelnen Streifen als Trapeze, indem man also die Kurvenbogen durch ihre Sehnen ersetzt; die Summe F_3 der Trapeze ist das arithmetische Mittel aus F_1 und F_2. Es ergibt sich für die Fläche F:

$$F \approx F_3 = h(\tfrac{1}{2}y_0 + y_1 + y_2 + \cdots + y_{n-1} + \tfrac{1}{2}y_n)$$

4. Häufig wird die Annäherung noch größer, wenn man, statt je zwei aufeinanderfolgende Kurvenpunkte geradlinig zu verbinden, immer durch drei aufeinanderfolgende Kurvenpunkte einen Parabelbogen legt, dessen Achse parallel der y-Achse ist, was nur auf eine Art möglich ist. Zur Ableitung der Formel betrachten wir zunächst die Parabel $\xi^2 = 2p\eta$. Das Segment, das sich von der Abszisse ξ_0 bis zur Abszisse $\xi_2 = \xi_0 + 2h$ erstreckt, ist

$$\int_{\xi_0}^{\xi_2} \eta \, d\xi = \int_{\xi_0}^{\xi_2} \frac{\xi^2}{2p} \, d\xi = \left[\frac{\xi^3}{6p}\right]_{\xi_0}^{\xi_2} = \frac{(\xi_0 + 2h)^3}{6p} - \frac{\xi_0^3}{6p}$$

$$= \frac{h}{3} \cdot \frac{6\xi_0^2 + 12\xi_0 h + 8h^2}{2p} = \frac{h}{3}\left[\frac{\xi_0^2}{2p} + 4\frac{(\xi_0 + h)^2}{2p} + \frac{(\xi_0 + 2h)^2}{2p}\right].$$

$$= \frac{h}{3}(\eta_0 + 4\eta_1 + \eta_2).$$

Verschiebt man die ξ-Achse um ein Stück q und bezeichnet die neuen Ordinaten mit $y = \eta + q$, so wächst die Fläche des Segments um $2hq$, und man bekommt für das neue Segment zwischen den Ordinaten y_0 und y_2 die Formel

$$2hq + \frac{h}{3}\big[(y_0 - q) + 4(y_1 - q) + (y_2 - q)\big] = \frac{h}{3}(y_0 + 4y_1 + y_2),$$

also denselben Ausdruck wie vorher, der sich nur aus der Breite h und den drei Ordinaten zusammensetzt. Ist also n eine gerade Zahl, so bildet man diese Ausdrücke aus den Ordinaten $y_0, y_1, y_2; y_2, y_3, y_4; \cdots; y_{n-2}, y_{n-1}, y_n$ und addiert alle; es ergibt sich für die Fläche F somit der vierte Näherungswert:

$$F \approx F_4 = \frac{h}{3}\Big[y_0 + 4(y_1 + y_3 + y_5 + \cdots + y_{n-1}) + 2(y_2 + y_4 + y_6 + \cdots + y_{n-2}) + y_n \Big].$$

Diese Formel heißt die *Simpsonsche Regel*[1]); sie läßt sich leicht in Worte kleiden. Der Leser führe das Beispiel von S. 31 weiter durch.

Da jedes bestimmte Integral als Flächeninhalt gedeutet werden kann, so enthalten die obigen Formeln zugleich Vorschriften zur näherungsweisen Berechnung bestimmter Integrale.

ANHANG

AUFGABEN ZUR INTEGRALRECHNUNG

1. Stelle eine Tabelle von unbestimmten Integralen als Umkehrungen der Formeln der Differentialrechnung her.

Berechne:

2. $\displaystyle\int_{-3}^{+3} x^2\,dx; \qquad \int_{-3}^{+3} \sqrt[5]{x}\,dx; \qquad \int_{-a}^{+a} x^3\,dx; \qquad \int_{a}^{b} \sqrt[3]{7}\,dx.$

3. $\displaystyle\int (ax + b)\,dx; \qquad \int 3(2ax + b)(ax^2 + bx + c)^2\,dx.$

4. $\displaystyle\int \frac{ax + b}{\sqrt{ax^2 + 2bx + c}}\,dx.$

5. $\displaystyle\int_0^\pi a\cos(ax + b)\,dx; \qquad \int_0^{\frac{\pi}{4}} \frac{a}{\cos^2(ax + b)}\,dx.$

6. $\displaystyle\int \cos^2 x\,dx; \qquad \int \cos^3 x\,dx; \qquad \int \sin^4 x\,dx.$

---

1) Thomas Simpson 1710—1761.

7. $\displaystyle\int_2^5 \frac{dx}{x}$; $\displaystyle\int_1^2 \frac{2x+7}{x^2+7x+5}\,dx$; $\displaystyle\int_1^3 \frac{dx}{5x-3}$.

8. $\displaystyle\int \frac{dx}{(x-1)(x-2)(x-3)}$.

9. Untersuche $\displaystyle\int_{x_1}^{x_2} \frac{\alpha x + \beta}{\gamma x + \delta}\,dx$ geometrisch, insbesondere im Falle $\alpha\delta - \beta\gamma = 0$! (§ 14, I.)

10. $\displaystyle\int x e^{-x^2}\,dx$ 11. $\displaystyle\int \lg x\,dx$.

12. $\displaystyle\int \frac{x}{\sqrt{1-x^2}} \arcsin x\,dx$ (trigonometrische Substitution und dann Teilintegration oder umgekehrt).

13. Bestimme den Grenzwert von $\dfrac{b^{n+1} - a^{n+1}}{n+1}$ für $n = -1$

$(0 < a < b)$ unter Zuhilfenahme der Formel für $\displaystyle\int_a^b x^n\,dx$.

14. Berechne Oberfläche und Inhalt eines Rotationskegels.

15. Ermittle den Wert von

$$\int_0^1 \frac{dx}{1+x^2} = \Big[\arctan x\Big]_0^1 = \frac{\pi}{4}$$

a) nach der Trapezformel,
b) nach der Simpsonschen Regel;
zerlege dazu die Strecke auf der x-Achse in 10 gleiche Teile und rechne auf 5 Stellen genau. Vergleiche die erhaltenen Werte mit dem Werte von $\dfrac{\pi}{4}$.

If you have any concerns about our products,
you can contact us on
ProductSafety@springernature.com

In case Publisher is established outside the EU,
the EU authorized representative is:
**Springer Nature Customer Service Center GmbH
Europaplatz 3, 69115 Heidelberg, Germany**

Printed by Libri Plureos GmbH
in Hamburg, Germany